聪明孩子提前学

神秘的海洋世界

[德]西格丽德·邵尔腾 编著
闫健 译

无敌百科+知识拓展+趣味游戏

中国铁道出版社
CHINA RAILWAY PUBLISHING HOUSE

致小读者

在我们的地球上，没有任何东西比海平面以下的海洋世界更加神秘和令人着迷了。然而今天我们对于海洋深处生物的了解却远比宇宙或者我们身处的太阳系要少。

也许我们也常常会问自己海面之下是怎样的一个世界，并且梦想着有一天可以潜入多彩的珊瑚礁丛，漫游在那广阔浩瀚的大海，亲眼看一看海洋深处那神秘的世界。

本书将带领我们在海中潜行，海洋世界的神秘面纱即将揭开。波光之下的美景、凶残可怕的“海底霸王”以及五彩斑斓的鱼儿正在等着我们呢！小丑鱼怎样生存？所有的天然海绵都是黄色的吗？真有适用于鱼儿的清洗设施吗？如果想知道答案，不妨“潜入”书中开始一段伟大的冒险之旅吧！

获取知识的前提是好奇心……

法国海洋家　雅克•伊夫•库斯托（1910—1997年）

你知道吗？

迄今为止，有**近250000种动物和植物**生活在海洋中。但实际上海洋中生活着、游动着哪些生物，人们对此只有一个大概的估计。不过有一点可以肯定，80%的生物都来自于海洋。

地球——蓝色星球

小朋友们一定见过地球的卫星图。从太空中看地球是蓝色的，你们发现这一点了吗？这是由于地球表面2/3以上的部分都被海洋覆盖着，所以地球也被称为蓝色星球。

我们地球上几乎所有的水都在海洋之中，水量多得难以想象——超过13亿立方千米。

海洋还是所有生命的起源之地。最早的生物就出现在海洋中。它们在数百万年之前就已经出现了，然后在漫长的进化过程中逐渐从海洋转移到其他区域。

知识拓展

地球表面的2/3——也就是超过3亿平方千米——被海水覆盖着，这一面积相当于德国国土面积的830倍！

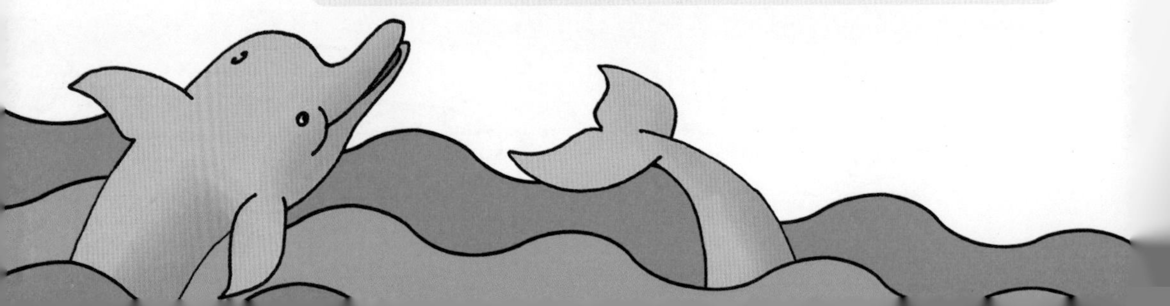

字母探秘

在下面字母表中隐藏着6种海洋生物的英文单词，它们分别是CRAB（螃蟹）、INKFISH（墨鱼）、DOLPHIN（海豚）、WHALE（鲸）、LOBSTER（龙虾）和SHELL（贝）。小朋友们能把它们全部找出来吗？小提示：可以横向、纵向或斜向寻找。

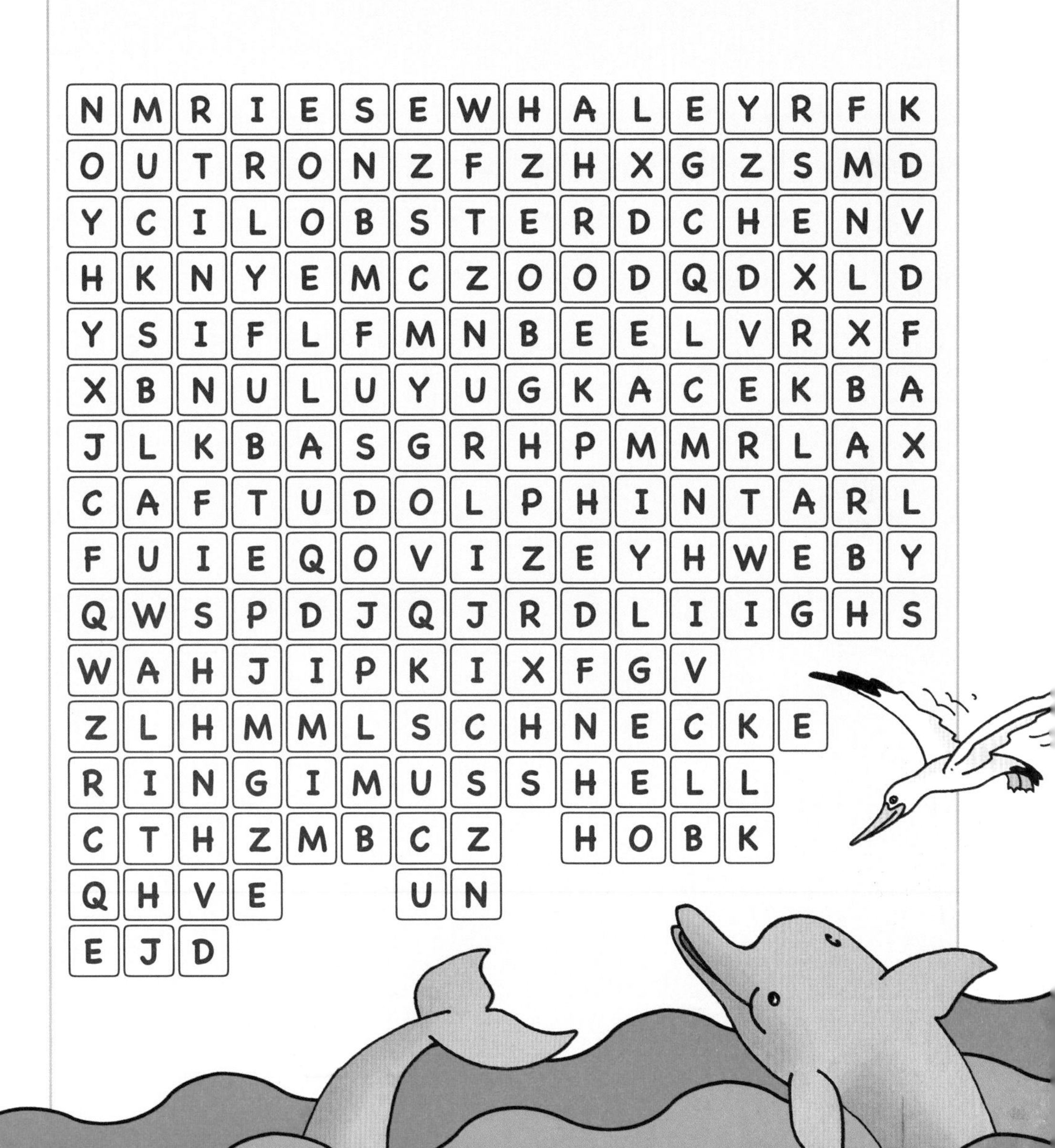

海洋真是蓝色的吗？

有一种现象非常奇特：当我们遥望大海的时候，会发现海水是蓝色的；但如果我们将海水装入杯子中，就会发现海水是清澈透明的。许多人认为，这是因为天空的蓝色倒映在了海水中，所以海水看上去才会是蓝色的。事实上，海水的蓝色与天空没有任何关系。真正的原因是光，是光赋予了海水蓝色。光是由不同的颜色组成的。当下雨后空中出现彩虹的时候，你能非常清楚地看到这一点。清澈的海水有吸收光的颜色的特性，并且遵循着一条规律：水越深，被吸收的颜色就越多，而只有蓝色会被反射出去。水越清澈、越深，那么看上去就越蓝。

如果水中有许多海藻、浮游生物等微小有机物，那么就会吸收更多的蓝光，此时水看上去就接近绿色了。

为什么海水是咸的？

小朋友们有过不小心误吞过海水的经历吗？海水又咸又涩，不能直接饮用。1升海水的含盐量约为35克。海水中的盐有不同的来源：

1）雨水冲刷岩石中的盐晶体，使这些晶体随着水流一同进入大海。

2）火山爆发留下的氯和硫等气体在海水中与其他成分发生反应转变成了盐。

3）在大陆漂移过程中（详见本书第103页），地壳板块发生断裂，巨热的岩浆流入海水中，与海水发生反应，生成盐。

海水蒸发以后，盐分就会保留下来。这些盐在盐场经过烘干、净化等加工处理之后就成为我们饭桌上的调味品——食盐。

你知道吗？

水里的盐分含量越高，水的浮力就越大，也就是说，即使很重的物体落入水中也不会轻易地沉下去。位于以色列和约旦之间的死海水中的含盐量就很高，以至于人可以轻松地浮在水面之上而不会下沉。

五大洋

我们现在的海洋由五个大洋组成：

1）太平洋

2）大西洋

3）印度洋

4）北冰洋

5）南冰洋

知识拓展

里海和**死海**完全由陆地环绕，所以它们其实不是海洋，而是大型的咸水湖。

所有的大洋通过洋流彼此相连。除了上述的五大洋之外还有一系列近海，其中最著名的有：

- 地中海
- 北海和波罗的海
- 里海
- 中国的黄海、东海
- 红海
- 黑海

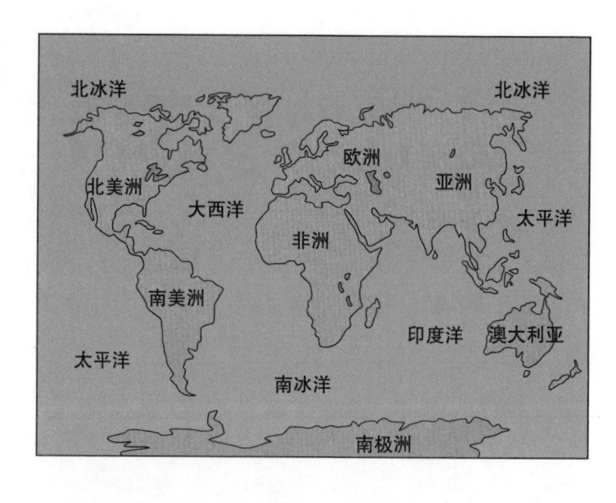

这些近海通过大大小小的海峡与大洋相连。

位于地中海的直布罗陀海峡是世界上较为狭窄的海峡之一，它的最窄处只有14千米宽。它连接了地中海与大西洋。

太平洋

面积：约1.6亿平方千米

太平洋是我们地球上最大、最深的海洋，最深的地方是深度超过10000米的马里亚纳海沟。我们可以做一个假设：我们将地球上最高的山峰——珠穆朗玛峰（8848米）填入其中，山顶也不会露出水面。这片浩瀚的海洋比所有陆地的面积加起来还要大。它从亚洲东海岸一直延伸到美洲西海岸，宽度约为17700千米！太平洋在南部与南冰洋相接，在西南则与澳大利亚海岸相接。由于太平洋的面积十分广阔，所以几乎流经了从赤道两侧的热带气候到极地海洋寒带气候的所有气候带。

你知道吗？

海洋的英文单词“ocean”来源于希腊语“okeanos”。在古希腊时期，人们认为okeanos是一条沿着地球流动的河，并将它奉为神明。

知识拓展

太平洋最初被称为宁静的海洋。它的英文名称“pacific”是由拉丁语“pax”而来，意为平静。这一名称出自16世纪初一位著名的葡萄牙航海家——麦哲伦之手。当时他在探险旅程中驶入太平洋，感觉到这片海域格外平和与宁静，太平洋的名字便由此而来。

大西洋

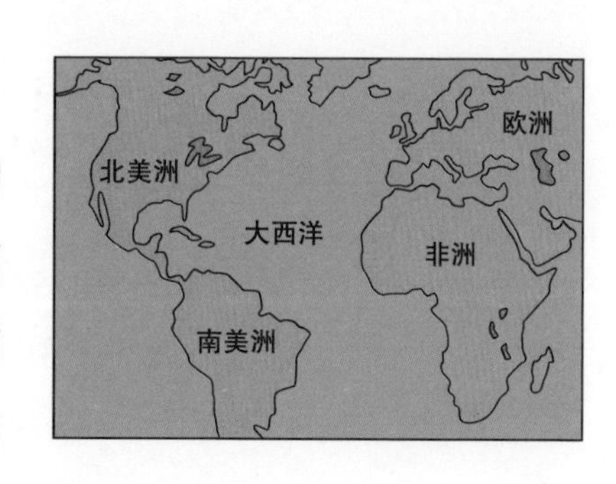

面积：约1.06亿平方千米

大西洋是世界第二大洋，最宽处约为9600千米。大西洋延伸于北冰洋与南冰洋之间，长度超过11500千米，与南美洲、北美洲、欧洲和非洲相接。它的名字（英文：Atlantic Ocean）来源于一则希腊神话：古希腊人认为，直布罗陀海峡的后面就是世界的尽头，也是阿特拉斯神（Atlas）擎天的地方，因此就以他的名字为大西洋命名。大西洋最深的地方是波多黎各海沟，深度约为9000米。

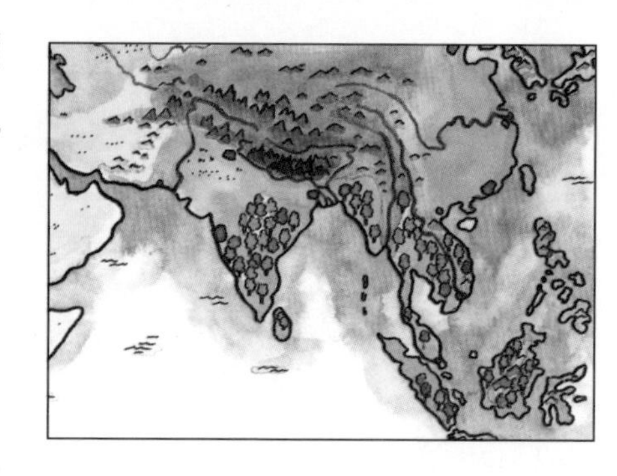

印度洋

面积：约7500万平方千米

印度洋是世界第三大洋，包含至少5000个岛屿。非洲的马达加斯加和印度海岸的斯里兰卡是其中最大的岛屿。此外还有马尔代夫、拉克代夫、塞舌尔等包含一些小岛的群岛。这些岛屿因其梦幻般的沙滩以及美丽的青绿色环礁湖而跻身于最受欢迎的旅游地之列。印度洋与东非、澳大利亚以及亚洲相接，因为位于像鲨鱼牙齿一样深入大海的印度半岛南面，故名印度洋。在南面，印度洋与南冰洋相接。最深处是蒂阿曼蒂那海沟，深度约为8000米。

白日梦之谜

马克思梦到了夏日、阳光、沙滩和大海，这会是什么地方呢？图中的英文单词会告诉我们答案，但不巧的是单词的字母顺序被打乱了。小朋友们能揭开马克思的白日梦之谜吗？

北极和南极——海洋的两极

尽管北极与南极彼此离得很远，但却有一个共同点：它们都被冰雪覆盖着。

北面的极地区域被称为北极。北冰洋是它的中心，深度超过5000米。北冰洋是五大洋中最小的一个，面积约为1400万平方千米。它与北美洲、亚洲、格陵兰岛以及欧洲相接。由于北极地区异常寒冷，所以中心地带都是由巨大的冰层组成的。这些冰层漂浮在北冰洋上，厚度可达6米。围绕着冰层的是浮冰。到了冬天，这些浮冰就会与周围国家的海岸连接起来，因而构成了连续的平面。到了夏天，边缘区域的一部分冰又会融化开裂，然后成为移动的冰块，也就是漂浮在海上的大块浮冰。

北极地区的气温常常在零下30摄氏度以下，小朋友们看到这里可能会感慨一句："啊，好冷！"。从零下1摄氏度开始，海水也会结冰，从而形成浮冰。不过这里虽然冰天雪地、寒冷异常，却也生活着哺乳动物，比如行动笨拙的海象、灵巧机敏的海豹就是这里的居民。此外还有北极熊，它们是出色的游泳员和潜水员，以海为生，是北极地区名副其实的王。这些动物对冰上生活都有着惊人的适应能力。

南面的极地被称为南极。与北极地区不同，这一地区的中心是陆地，被一层厚厚的冰层覆盖着。在过去数年中，这里的冰层不断融化。原因之一可能就是全球气候变暖。南极洲是地球上最寒冷的一个大洲，被南冰洋环绕，这里也是企鹅的故乡。南冰洋面积大约为2000万平方千米，最深处可达8320米。在这一区域，大西洋、太平洋和印度洋三大洋相互交汇。南极地区最冷的月份是7月，因为此时太阳离它最远。从地球上所测到的最低温度也出现在南极——零下89.2摄氏度，这一气温是在1983年7月21日测出的。

你知道吗？

冰山只有大约**1/6**的部分是露在水面之上的，其余部分都藏在水面以下。

知识拓展

为什么冰会漂浮在水面上?

当水温降到零下1.8摄氏度以下时，水中便会出现细小的冰结晶。由于水结成冰后比未结冰时密度低，因此比水要轻，所以冰会漂浮在水面上，即使是巨大的冰山也不会沉没。

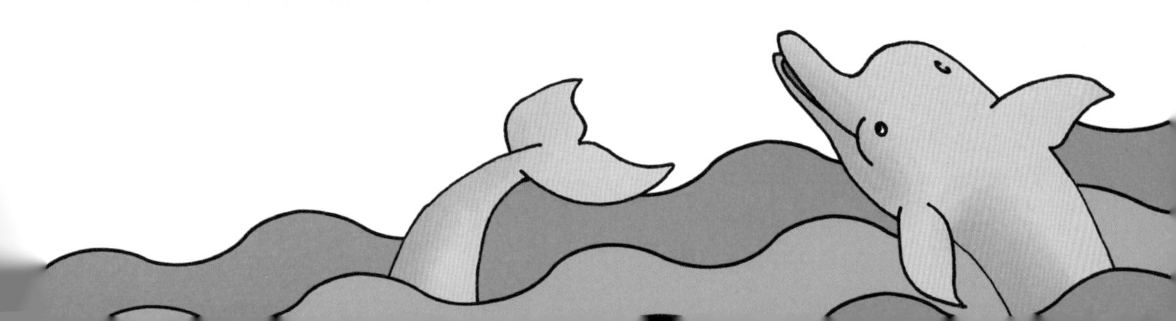

不同的海洋层

没有任何一处地方能像海洋一样有着如此丰富多样的生命群。但在海洋的不同区域，并非所有动物都有相同的感觉。由于深度、气温以及营养物质的不同，海洋中也存在着不同的生存区域。为此科学家将海洋分成了不同的层。

第一层——从陆地来看——是由沿海水域构成的平缓区域，我们称之为大陆架。这里营养丰富，是生物的主要活动区域。由于光线可以射入，所以这里生长着很多水下植物，它们不仅为海洋生物提供了很好的栖身之所，也为海洋生物提供了丰富的食物来源。

你知道吗？

海底和陆地一样，也有低谷、山脉、斜坡、平原以及深沟，并不是一马平川。有些海底山脉可以绵延数千千米，看起来蔚为壮观。

到了海面200米以下会变得越来越暗，并且不再有植物。从大陆架的边缘到3000米深的海洋底是陡峭的大陆坡，这一区域是海洋的第二层。在这一层中，动物们在广阔的海域中活动，常常会游走数千千米寻找食物。这一层的下部区域又叫深海层，是“水下荒漠”，主要由碎石和泥浆组成。深海层的延伸长度可达2000千米，底端漆黑一片并且寒冷无比。然而尽管如此还是有一些生物在这里找到了生存的方法。

第三层就是海沟了，有些海沟深度甚至可以超过10000米。

海洋里的秘密

小朋友们认识下面图片中的动物吗？如果你们认识4种以上的动物，那就非常了不起了。那就让我们来试试看吧！另外图片下方小方框分别对应的是哪些动物呢？

鲸鱼——海洋中的庞然大物

鲸鱼属于海洋哺乳动物，生活在海洋中。与那些靠腮在水中吸收氧气的鱼不同，鲸鱼像我们人一样用肺呼吸，所以它们要定期潜出水面。鲸鱼的头顶有一个气孔，它们就是借助它来进行呼吸的。那么这个气孔是怎样发挥作用的呢？鲸鱼的呼吸时间只有两三秒。我们可以想象一下，在如此短暂的时间里，鲸鱼要吸进和呼出大约2000升的空气。由于呼出的空气要比外部气温低，所以空气中的水汽就会出现凝结，于是就产生了几米高的气压喷泉。等到鲸鱼再次下潜以后，它们会将吸进的空气保持在体内。这样它们就可以在下次潜出水面之前在水下待上至少半个小时。

鲸鱼可以分为齿鲸和须鲸。齿鲸有一个气孔，而须鲸则有两个。

逆戟鲸的骨架

齿鲸家族成员

海豚
逆戟鲸
鼠海豚
抹香鲸
独角鲸
……

知识拓展

鲸鱼尾部的鳍被人们称为**尾鳍**，背部的鳍被称为**背鳍**，而身体侧面桨状的鳍则被称为**蹼状鳍**。

须鲸

须鲸口中没有牙齿。它们的上颚处长有一个细长的角状板，看上去就像梳齿一样。这种梳齿状的东西叫做鲸须。进食时，须鲸会用力吸水，然后闭上嘴，用鲸须将水挤压出去。这样一来，细小的生物就挂在了筛子一样的鲸须上，之后就会成为须鲸的腹中餐。几乎所有大型鲸鱼都是须鲸。它们最喜欢的食物是磷虾。磷虾是一种小型虾，比我们的手指略短一些，含有大量的蛋白质、维生素和矿物质。当夏天到来的时候，磷虾会在极地区域出现。须鲸常常就会不远万里来寻找这种美食。

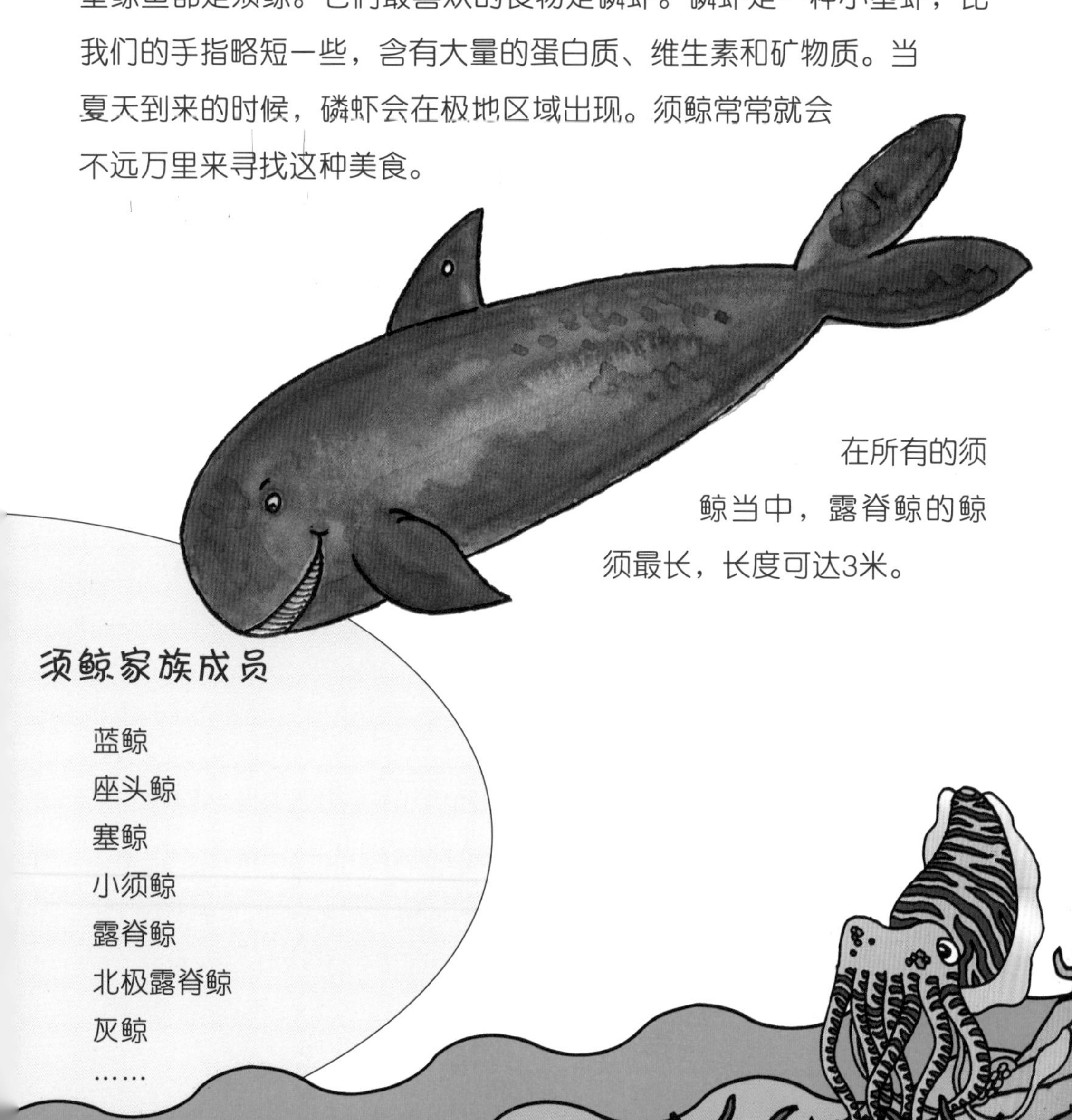

在所有的须鲸当中，露脊鲸的鲸须最长，长度可达3米。

须鲸家族成员

蓝鲸
座头鲸
塞鲸
小须鲸
露脊鲸
北极露脊鲸
灰鲸
……

蓝鲸

蓝鲸是世界上最大的鲸鱼，也是世界上最大的动物。它们的长度可达33米，相当于12层楼那么高。它们的体重可达130吨，相当于大约130辆普通小汽车的重量。因此它们属于迄今在地球上生活过的最大的生物之一。可惜的是这种大型动物已经不多了，因为长期以来蓝鲸一直遭到围捕，如今已经属于极度濒危动物。40多年来，围捕蓝鲸一直被明令禁止，尽管如此还是有不少不法分子在猎杀蓝鲸。

还有一点非常奇怪：这种现存最大的动物仅仅依靠磷虾来养活自己。一头蓝鲸每天大约要吃掉一吨的磷虾。而以磷虾为食的还有海豹、乌贼、海鸟等。

蓝鲸的皮肤下面有一层非常厚的脂肪层，可以抵御严寒，我们称之为鲸脂。它的厚度可达50厘米。蓝鲸产下的幼仔在出生时就已经有两吨重了，相当于两辆小汽车的重量。小鲸仔每天要喝掉大约600升奶。一个星期之内，它的体重就可以翻番。

座头鲸——重量级杂技演员

座头鲸似乎可以不费力气地从水中盘旋而起，直至尾鳍离开水面，然后再让自己以极快的下坠速度再次落入水中。它们在进行这套“杂技表演”时必须拖动大约40吨的重量，相当于8头成年大象的重量。此外，座头鲸还发明了一套专业的捕鱼技术：它们会围着鱼群来回盘旋游动，从它们的呼吸孔里呼出的小气泡会发出“咕噜咕噜”的声音。这样就出现了一道银色的水帘，鱼就被困在了里面。这时，座头鲸只需游到中间就可以一大口吞掉它们的美食了。

你知道吗？

座头鲸以其复杂的叫声而闻名。雄性座头鲸在求偶时为了吸引雌性座头鲸，通常会围着雌性座头鲸不停地啼叫，就像唱歌一样。这种求偶唱歌比赛往往会持续几个小时。

火眼金星

下面的图片里有多少只鲸鱼呢？

齿鲸

在80多种鲸鱼当中，大多数鲸鱼都属于齿鲸。为了清楚地了解水中动物的动向，齿鲸发明了一种类似于第六感的东西：它们能够发出一种高频率的、人耳听不到的“咔嗒”声。如果这些声波遇到障碍物，那么它们就会像回声一样反射回来。反射回来的声波就告诉了齿鲸四周环境的准确情况。水里可能漆黑一片，尽管如此齿鲸们还是能够知道是否有可口的猎物停留在附近，或者是否有白鲨正在朝这里游来，从而确保自己的安全。然而，到今天为止，人们都没有弄清楚，齿鲸是怎么区分食物和危险的。

齿鲸是一种很温情的动物。它们彼此互相帮助：当有同伴受伤时，它们会将同伴托到水面上帮助它呼吸；如果母鲸要潜到海水深处去寻找食物，其他齿鲸就会在这段时间内帮着照料小鲸仔。

图形数独

请小朋友们帮宝拉将旁边的图形数独补充完整。小提示：在每一行和每一列中，每一个图形只能出现一次。

抹香鲸——潜水冠军

抹香鲸可算得上是海洋动物中名副其实的环球旅行者了。它们在地球上所有的大洋之中漫游。无论是在北极地区，还是在温带、热带，人们都可以发现它们的身影。它们穿越印度洋、大西洋和太平洋，有时甚至会出现在地中海。这种长达20米、重达50吨的巨型动物是多项纪录的保持者：它们是在地球上生活过的所有齿鲸中个头最大的；它们有着动物所能拥有的最大的大脑；它们拥有绝对算得上最长的牙齿——一只成年抹香鲸的牙齿可以达到25厘米长；它们一颗牙齿几乎重1千克！除此之外，还有一项纪录也落在了抹香鲸头上：没有任何一种哺乳动物能够比它们潜水更深，时间更长。在寻找最喜欢的食物——深海枪乌贼时，它们甚至可以潜至3000米深的水中，并且能够在水下停留90分钟。

火眼金星

下面哪个是鲸鱼阿黑的影子呢？

3

4

5

独角鲸——海洋中的麒麟

在齿鲸当中，独角鲸的牙齿最少，只有一颗（很少情况下会有两颗），却相当有威力。它有两米长，像烤肉叉一样从头部伸出。不过这种牙齿并不适合捕鱼。独角鲸不是用牙齿刺穿食物，而是将食物吸进体内。乌贼是它们最喜欢的美食。

独角鲸的牙齿虽然不能用来捕食猎物，但其作用也不容忽视。螺旋形的长牙看上去与象牙非常相似，能对来犯的敌人起到震慑作用。独角鲸生活在北极地区寒冷的水域中。

知识拓展

对于北极地区的因纽特人来说，独角鲸是最为重要的食物来源。除此之外，他们还会将独角鲸的牙齿雕刻成小型工艺品，从而再额外获得一些收入。早在中世纪时期，独角鲸的牙雕工艺品就已经是非常昂贵的奢侈品了。

白鲸

白鲸是独角鲸的近亲，不过与独角鲸截然不同的是它们有32到50颗牙齿。白鲸也生活在北极区域，通体雪白，性情温和，体长约为5米。白鲸发出的声音可以说千奇百怪。它们既可以发出低沉的“哼哼”声，又能发出尖锐的“嘎吱”声，甚至还能发出小鸟一般的“啾啾”声。它们发出的一些声音，人们在水面上都可以听到。

逆戟鲸——海洋中的杀手

逆戟鲸是一种极其热爱并忠于自己种群的鲸鱼。它们的身体为黑白两色，体型庞大，体长约为10米，重量可达5吨。如果我们到真正的大自然中去观察它们，定会为它们的美丽、灵活和敏捷所折服。逆戟鲸可以轻松地在水中以每小时超过50千米的速度疾驶。更让人感到惊奇的是，在与同伴一起玩耍时，它们可以让自己的身体冲出水面，然后给人们留下印象深刻的一跃。与此同时，它们会发出极其嘈杂的声音，使远处的逆戟鲸都能听到。

多数情况下，逆戟鲸会选择与30多个同伴生活在一起，组成一个大家庭，人们称之为鲸群。对于它们而言，这个群体通常会维持一生之久。

逆戟鲸的鳍可以耸出水面两米多高。它们还有一个我们更熟悉的名字——虎鲸。此外，由于它们生性凶猛、善于捕猎，人们也把它们称为杀手鲸。它们是机智敏捷的海洋猎手。为了捕获海豹，它们有时会将沉重的身体滑到其他动物认为安全的海滩上，或者数只逆戟鲸共同制造出巨大的波浪，将海豹从安全的浮冰上冲入水中。

逆戟鲸是没有天敌的，当然，除了人类之外。

大家来找茬

这艘轮船的倒影与它本身并不完全相同，而是有8处不同，小朋友们能找出来吗？

海豚——海洋中的小丑

海豚是一种非常特殊的海洋生物。早在古希腊时期，人们就已经被这种“水中杂技演员”所吸引。在人们眼中，它们是高贵的动物，是上帝的使者，所以杀害海豚在当时是非常严重的罪行。

海豚属于齿鲸家族，是哺乳动物。海豚幼仔在出生过程中，尾鳍会先从母体中出来，这样就可以保证在出生时不被溺死。出生后的幼仔会被母海豚哺乳一年。不过由于海豚没有嘴唇，所以一旦幼仔触碰到了海豚妈妈的乳头，海豚妈妈就会把乳汁直接喷入幼仔的口中。和其他所有哺乳动物一样，海豚也是用肺呼吸，所以必须游出水面换气。

几乎在世界上所有的海域我们都能发现海豚的身影。在多数情况下，数只海豚会聚集成一个大家庭，生活在一起，人们称之为海豚种群。至于种群中有多少位成员，取决于海豚的种类。最大的种群是斑海豚种群：人们已经在海洋中发现了成员数量超过1000的斑海豚种群。

海豚的种类很多，宽吻海豚是其中名气最大的。宽吻海豚长约4米，嘴喙细长，看上去就好像一直在微笑。而当它们发出吼声时，听上去又像在放声大笑一样。

海豚可以发出“嘘嘘”声、“啾啾”声、“咔嗒”声等多种不同的声音。它们善于沟通，也乐于和同伴一起玩耍。

海豚是一种非常贪玩的动物。它们常常在水中纵情地嬉闹玩耍，并做出优美的翻越动作。它们也会追逐船只，随着船只驶过水面激起的波浪颠簸起伏。它们的“杂技表演”常常让人忍俊不禁，所以被人们冠以“海洋中的小丑”之名。现在这些家伙们甚至都被用于医疗了。

海豚头部圆孔有什么作用？

像其他许多齿鲸一样，海豚的头部也有一个圆孔，这是海豚身上位于气孔附近的一个器官。人们推测，这一器官或许是海豚用来发送声波的。通过声波海豚可以确定猎物的位置。遇到障碍物时，声波就会像回声一样折回来，然后海豚就可以得到周围环境的一幅准确的“声音画面”了。

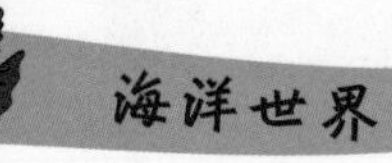

大家来找茬

下面两幅图共有9处不同，小朋友们能找出来吗？

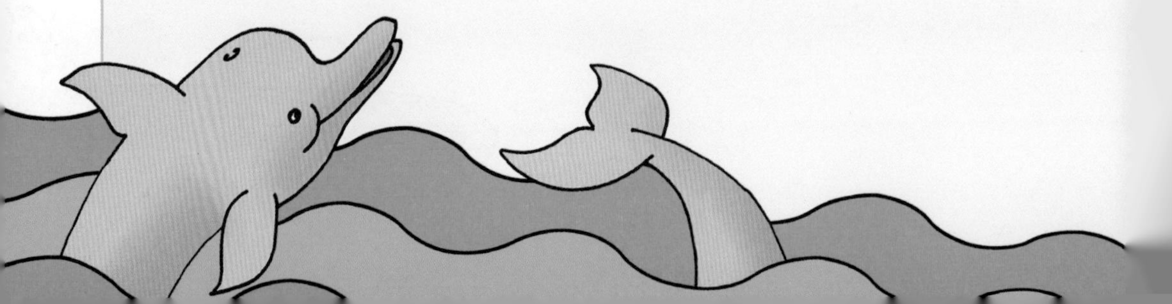

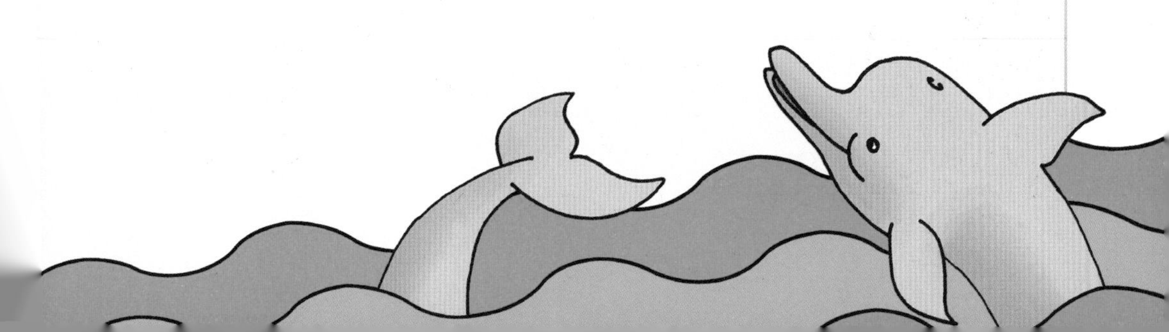

鱼

鱼生活在世界上所有的海域中。人们将鱼分为硬骨鱼和软骨鱼两类。大多数鱼都属于前者，而鲨鱼和鳐鱼则属于后者。与哺乳动物不同，鱼不是用肺来呼吸的，而是用它们的腮在水中将空气的氧气过滤出来，用以呼吸，所以人们又将鱼类称为腮呼吸类动物。

大多数鱼身上都有鳞片。它们位于对鱼身起保护作用的黏液层下方，呈瓦片分布排列。鳞片像甲胄一样保护着鱼，但却不会影响鱼的活动。相反，有了它们，鱼可以在水中自由游动。

纪录保持者

海洋中游动速度最快的鱼是太平洋中的**旗鱼**。这种鱼体长大约为3.4米，重约100千克。在短距离内，它们可以像鱼雷一样以超过每小时100千米的速度在水中疾驰。

硬骨鱼的整个骨骼或者一部分骨骼是硬的。吃鱼时，我们可以通过骨架中间的鱼刺或细小的鱼刺来判断是否是硬骨鱼。

鲨鱼——臭名昭著的劫掠者

危险的杀手、冷血的食人者、善于攻击的食肉机器，这些让我们感到恐惧的词都是用来形容一种动物——鲨鱼的。相信小朋友们也听过一些关于鲨鱼的惊险故事。可以说鲨鱼名声很差，但这其实并不公平，因为每年因为鲨鱼而丧生的人微乎其微。而与此相比，被从树上掉下来的椰子砸死的人可能更多，虽然这种事情平时也是很少发生的。

与许多其他野生动物一样，鲨鱼也是食肉动物。当它们感到饥饿或恐惧时，就会发动进攻。但在分布于世界各个海域的350多种鲨鱼当中，只有少数是真正对人类有危险的。这其中包括虎鲨、牛鲨、白鲨以及远洋白鳍鲨。此外，蓝鲨、双髻鲨、柠檬鲨也曾对人类发起过攻击。事实上，大多数鲨鱼见到我们时就像我们见到它们一样害怕。

鲨鱼分布在世界上所有海域，从北极到南极、从温带到热带我们都能见到它们的踪影。大多数鲨鱼生活在远洋海域，不过也有一些会游向海岸附近。

鲨鱼属于软骨鱼。它们的骨架不是由硬骨组成，而是由一种可弯曲的软骨组织构成的。通过软骨组织，鲨鱼可以变得非常灵活敏捷。不同的鲨鱼在外形上也有很大差别。它们的体型是由它们在海中的生存地方和生存方式决定的。但所有的鲨鱼有一个共同点，即它们在头部的侧面都有5到7根腮裂。

白鲨

白鲨是海洋中最臭名昭著的猎手。这个庞然大物喜欢悄悄地在水中寻找海豹、海狮、鱼类以及海龟等食物，甚至可以为此不远千里地游走。凭借6米多长的身躯、3吨之多的体重，白鲨可以算得上是鱼类中最大的食肉动物之一。

也许你们曾听说过白鲨有意攻击冲浪者的事情。当冲浪者在冲浪板上迎风破浪时，在水下的白鲨眼中，他们看上去与海豹所差无几。海豹可是白鲨最喜欢的食物之一，所以这种不幸的误会就发生了。

迄今为止，白鲨都被视为独行者，但最新的研究却得出了一项有趣的结论：在漫长的旅程当中，一些雄性白鲨会在中途停留，在“白鲨咖啡馆”里小憩片刻。“白鲨咖啡馆”这一略带玩笑意味的称呼是指位于墨西哥和夏威夷之间的白鲨聚集点。在这里，人们有时也会发现雌性白鲨的身影。研究者猜测，在这一区域的海洋深处，白鲨会进行交配。

知识拓展

白鲨属于**世界濒危动物**。

巨口鱼

鲸鲨和姥鲨是最大的鲨鱼，它们分布在世界各大洋中。鲸鲨体长在10米左右，重量可超过10吨。我们可以做一个比较：一头成年雄象的体重才五六吨而已。虽然体型庞大，但这类巨型鲨鱼却性情温和。它们在水中游动，用嘴吸入水后，再通过腮将水过滤出去。通过这种方法，蟹、浮游生物等微小生物就挂在了它们口中一个像鬃毛一样的过滤器官上。鲸鲨就是靠食用这些微小生物为生的。

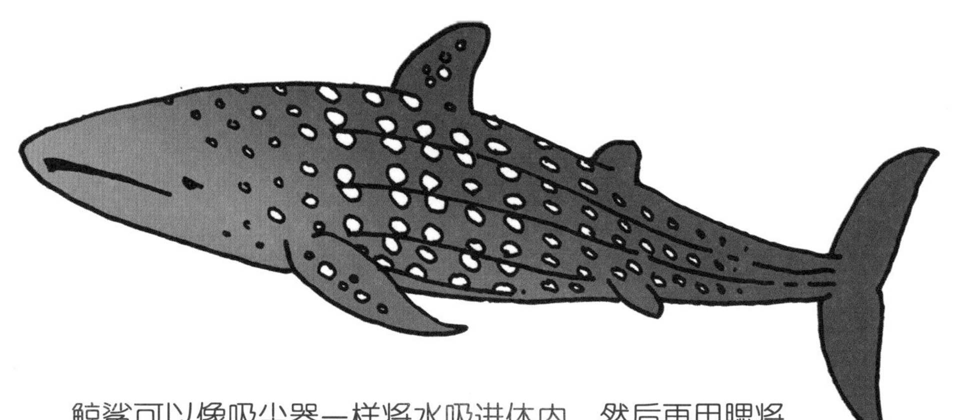

鲸鲨可以像吸尘器一样将水吸进体内，然后再用腮将水挤压出来。与鲸鲨不同，姥鲨不会主动寻找猎物。它们在水里游动时会张开大嘴，海水会自动推入腮中，通过这种方式它们可以过滤出食物。

知识拓展

通过过滤方式在水中摄取食物的动物被称作**滤食性动物**。

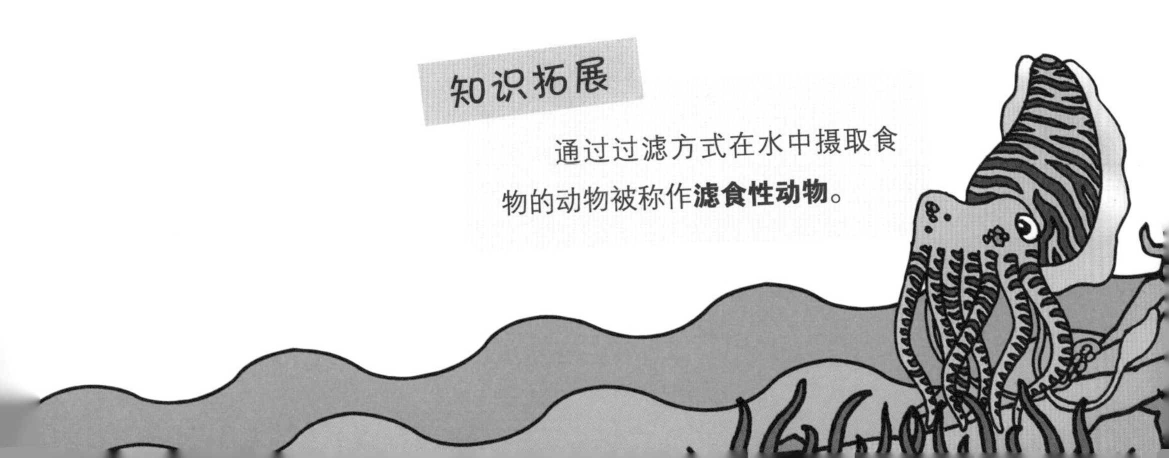

最小的鲨鱼

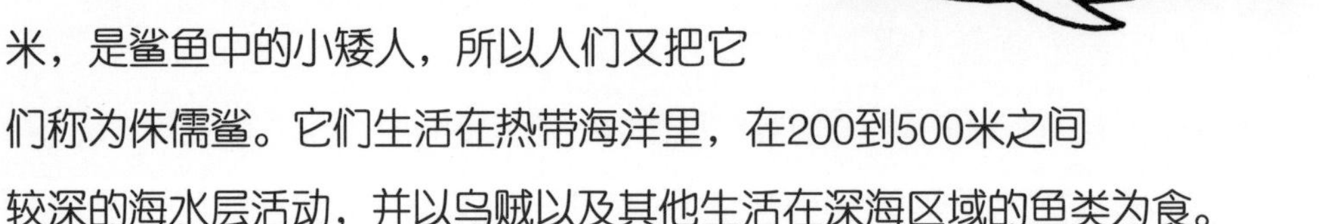

最小的鲨鱼体长大约只有20厘米，是鲨鱼中的小矮人，所以人们又把它们称为侏儒鲨。它们生活在热带海洋里，在200到500米之间较深的海水层活动，并以乌贼以及其他生活在深海区域的鱼类为食。

鲨鱼皮

如果能有机会触摸到鲨鱼的表皮，你们一定会倍感惊奇。当我们从鲨鱼头部向尾部抚摸时，会感觉到鲨鱼的表皮非常光滑，但如果反方向抚摸，也就是从尾部向头部抚摸，就会感觉它像砂纸一样粗糙。这是因为鲨鱼的皮肤是由数百万计的微小细齿组成的。这样的组织结构可以使鲨鱼在水中轻松敏捷地游动。此外，鲨鱼皮还曾是人们制造砂纸的原料。

单词转盘

下面每一个转盘中都隐藏着一种海洋动物的英文单词，小朋友试着把它们找出来吧！小提示：请按顺时针方向进行。

鲨鱼的牙齿

不同种类的鲨鱼会有完全不同的牙齿，这种不同取决于它们的生活方式和食物。令人印象尤为深刻的是白鲨的牙齿：它们的牙齿长约7厘米，像牛排刀一样锋利。鲨鱼会不断地长出新牙。当一颗牙齿脱落以后，几天之内，牙齿脱落的地方就会再长出一颗新牙。

大型鲨鱼整副牙齿能达到3000颗。此外，在它们的一生中还会再长出20000多颗新牙。

对于鲨鱼而言，一颗牙齿断裂或脱落都毫无关系。但对我们人类而言可完全不一样。我们只会长两次牙：一次是乳牙，另一次是恒牙。

知识拓展

鲨鱼的牙齿不是固定的一排，而是多排。前排的牙齿脱落后，后一排的牙齿就会向前移动，填补脱落牙齿的空缺。

自身具备的六种感觉

对于鲨鱼而言，要想捕猎成功，具备出众的感觉意识是极其重要的。通过灵敏的感觉，鲨鱼可以侦查并了解水下世界的情况。敏锐的感觉是鲨鱼4亿多年来保持其种类特征的前提。

鲨鱼的视觉很棒，甚至在光线很暗的海水深处它们都能找到猎物。一些鲨鱼在发起进攻时，眼睛会卷入内部，这样就可以保护眼睛不受伤害。

为了追踪远处的猎物，鲨鱼还会使用听觉和相当独特的嗅觉。它们可以用整个身体感受到两千米以外动物的声波，并且可以闻到500米远的血腥味，即使血液已经被海水稀释了百万倍。

像所有鱼类一样，鲨鱼也有一个侧线器官，通过它鲨鱼就可以确定猎物的方位。这一器官会对水压的变化做出反应。任何一个微小的活动在水下都会产生振动波。如果四周出现了活动，鲨鱼就能感觉到振动波和水流的变化。这样就什么都逃不过它们的掌握了。

猎物是否会被鲨鱼大口吞食取决于它们是否合鲨鱼的胃口。鲨鱼味觉灵敏，因此当它们第一次接触到陌生食物时，总是先尝试小口品尝，食物合乎它们胃口之后才会大口吞食。

所有的鲨鱼都有一个感觉器官——罗伦氏壶。它位于鲨鱼的前头部，通过它鲨鱼可以感受到猎物由于心跳以及肌肉收缩所释放出来的电流，所以即使所有其他感官都失灵了，鲨鱼也不会挨饿。通过罗伦氏壶，鲨鱼甚至可以追踪到那些藏身于沙子中的猎物以及纹丝不动的猎物。

知识拓展

双髻鲨的**罗伦氏壶**位于其“锤头”底侧的前部。就像使用金属探测器一样，双髻鲨会用它在海底进行“扫描”，以此来发现猎物。

繁殖

大约1/3的鲨鱼会产卵。产出的卵被密封在角状卵囊中。在这些保护性的卵囊上常常会有一些纤维物，它们可以将鲨鱼卵固定在水生植物上，这样卵就不会被水冲走了。

现存的鲨鱼中有大约2/3在体内孵卵。母鲨会将自己所产的卵保存在具有保护作用的体内。在经过6到22个月的孵化期之后，这些卵就变为独立成活的幼仔了。

剑鱼和锯鳐

一些鱼种身上长有危险的“武器”，比如剑鱼就长有长长的剑状上颚。这支“剑”可以占到它们身体总长的1/3。成年剑鱼长度在2到3米之间，重量可达100到250千克。

除了剑鱼以外，鳐鱼科的锯鳐也是配有“武器”的鱼种。当你们看到右边这幅图时，你就知道“锯鳐”这一罕见特别的名字从何而来了。锯鳐的上颚看上去就像是一根长长的锯子，这也算是一种吻突。

这根“锯子”的长度常常占到锯鳐体长的1/3，最长可达1.5米，其主要作用是击打食物。遇到食物时，锯鳐会游进鱼群中央，并用它们的“锯子”四处击打，被击伤的鱼虾自然而然就成为了它们的腹中餐。

除此之外，锯鳐还能用它们的“锯子”在泥浆里来回翻掘，目的是找到藏身其中的虾蟹等。

不过锯鳐并不是唯一长有“锯子”的鱼种。锯鲨也是用相同的方法捕食猎物。它们生活在南大西洋、印度洋以及西太平洋。

英文充电站

宝拉在沙滩上漫步时发现了6样东西。小朋友们知道这6样东西所对应的英文单词吗？请将单词和对应的序号连接起来吧！

鳐鱼——水下飞行家

鳐鱼和鲨鱼是近亲，但它们的外形却非常另类，不过这并不奇怪，因为这是由它们的生活方式所决定的。大多数鳐鱼都是海底猎手，它们紧贴海底游动，寻找可口的食物。一些鳐鱼甚至会将自己掩埋在海底的泥土里，等待着猎物的出现。如此巧妙的隐藏方法能更好地迷惑猎物，对鳐鱼而言还是非常实用的捕猎方法。

鳐鱼细长的尾巴极具特色，一些鳐鱼的尾巴甚至还有毒。此外，我们最好远离电鳐，因为一旦碰到它们，就会遭到电击。

鳐鱼的胸鳍看上去就像宽阔的翅膀一样，借助它鳐鱼就可以优雅地在水中穿梭，而且速度很快，就像是在飞一样。

会飞的鱼

小朋友们有没有想过一些鱼是可以在水面上飞行的呢？这些会飞的鱼像箭一样从水中穿射而出，将它们像翅膀一样的胸鳍向两侧展开，然后在水面上平稳地滑翔。在有利的顺风状态下，它们一次可以滑行150到200米，飞行的高度甚至会超过4米。科学家们认为，这些鱼已经学会了飞翔，从而保证在遇到天敌时能够让自己脱离险境。尽管如此，空中同样存在着危险：对于劫掠成性的海鸟来说，这些鱼可是难得的美味，不需要把翅膀弄湿就可以轻易抓到它们。

绝不像其他鱼一样沉默——鲂鱼

鲂鱼是一种喜欢居住在海底至200米水深之间的鱼。鲂鱼的胸鳍上有一种“高跷”，通过它鲂鱼就可以在海底像踩高跷一样慢慢前行，当然它们也会游动。鲂鱼的头部长有骨板，可以起到保护作用。鲂鱼区别于其他鱼的特点是它们可以发出很大的呼噜声。为了发出这种声音，它们会用肌肉来压迫自己的鱼鳔。鱼鳔是许多硬骨鱼都具有的器官。这一器官可以帮助它们在水中向前飘移。至于鲂鱼为什么要发出这种奇特的声音，人们至今还没有找到合理准确的解释。

群体生活——在一起我们就强大

鱼类在辽阔的海洋中迁徙时常常会遭遇各种各样的危险，所以鱼儿们就组成了鱼群。在游动时鱼儿们彼此紧紧挨在一起，就像一个统一又充满生气的群体。这让捕食者非常恼火，因为它们没有办法将注意力集中在某条鱼上。所以在这样的群体中，鱼儿们幸存的几率要大得多。像鲱鱼、鲭鱼、沙丁鱼等只有聚集在一起时才会远行。出于本能，每条鱼都会模仿其他鱼的动作，这样就会形成一种步调一致的前进方式。有些鱼群甚至是由数以百万计的鱼组成的。

鱼群之谜

小朋友们在下面的图中能看到多少条鱼呢？

金枪鱼——严重濒危的物种

大多数人对金枪鱼的了解可能仅仅是来自瓶装罐头。但是你们知道金枪鱼是一种肉食鱼吗？它们几乎分布在我们地球上的所有海域中，并且多以群居的方式生活在一起。

金枪鱼喜欢的食物是乌贼、蟹、鲭鱼及沙丁鱼等群居鱼类。金枪鱼有不同的种类，但令人印象深刻的是生活在大西洋的红金枪鱼。这种鱼长度可达4米，重量超过700千克。它们会穿过直布罗陀海峡进入地中海产卵。对它们而言，游过5000千米的路程毫无问题。它们是优秀的疾速游泳运动员，每小时可以游70到80千米。

不过可惜的是金枪鱼如今已受到严重威胁，其中红金枪鱼甚至已濒临灭绝了。由于金枪鱼味道鲜美、极受欢迎，所以市场需求量非常大。新鲜的金枪鱼肉是寿司中不可缺少的美味。现代化的捕鱼船可以用超声波和雷达来确定金枪鱼群的方位，然后就会撒下数千米长的渔网来抓捕它们。这就导致了金枪鱼无法再回到产卵的地方，从而也就无法继续繁殖后代了。

鱼卵可以吃的鲟鱼

鲟鱼是一种远古时期就已存在的物种，这和鲨鱼有些类似。它们没有鳞片，而是有许多排骨架。鲟鱼生活在海里，不过产卵时，它们常常会游到淡水河中去。当母鲟鱼产下数量高达200万的鱼卵后，它们就会再次回到海中。鲟鱼的寿命可达100多岁，这也使它们在鱼类中显得颇为与众不同。

小朋友们也许对鱼子酱并不陌生，鱼子酱就是用鲟鱼卵制成的。鲟鱼卵一直被人们视为珍馐美味。由于这种黑色的鱼卵价格昂贵，所以又被人们称为黑金子。为了获取这一美味，人们不惜花费重金，正因如此，鲟鱼遭到了残酷的捕杀，现存的数量严重下滑。

鱼线迷宫

今天奥斯卡在钓鱼时运气不佳，因为非但没有钓上鱼来，反而钓上了一只鞋子。请小朋友们看看是哪根鱼竿钓上了鞋子呢？

珊瑚礁——水下的彩色世界

如果对潜水员来说有天堂的话，那天堂就是珊瑚礁。它们是地球上最丰富多彩的生存空间。在一块珊瑚礁中就居住着超过2000种生物。这些生物都生活在无数隐蔽的角落和洞穴里，在这里它们可以很好地隐藏自己。

珊瑚礁是如何出现的?

珊瑚礁主要出现在温暖、水浅的热带海域。这里有适合珊瑚生长的良好环境。小朋友们见过珊瑚吗?许多珊瑚看上去就像奇特多彩的花儿和灌木。但这其实是一种假象：珊瑚是一种无脊椎的小动物，人们将它们称为珊瑚虫。它们固定在水底并构成巨大的群体。每一只珊瑚虫都生长在一种由石灰质构成的管腔中。到了晚上它们就会展开触须，抓捕水中的浮游生物。

最著名的珊瑚虫是石珊瑚。它们是珊瑚礁的建造者。珊瑚虫死后，身体上柔软的部分就会消失，石灰质的骨骼则会留存下来。然后，一只新的珊瑚虫就会在这上面继续建造自己的家，数千年以后就形成了由石灰质骨骼构成的完整的珊瑚丛。

眼力大考察

下面每个方框中都嵌入了6种不同字母，其中一种字母出现的频率要比其他字母高，请小朋友们找出这个与众不同的家伙。如果我们将找出来的7个字母按顺序排列，就能得到蛙人的英文单词了。小朋友们试一下吧！

1

F	B	D	F	W
B	W	X	D	L
L	D	F	X	B
X	L	W	B	F
W	F	X	L	D

2

T	I	E	I	R
L	R	L	E	T
L	E	T	I	J
R	J	R	L	J
I	T	E	J	R

3

N	W	D	F	K
K	O	W	N	F
D	W	K	D	O
N	F	O	W	N
O	D	K	F	O

4

B	C	V	H	G
C	B	C	G	D
D	H	G	H	B
H	G	C	D	V
V	D	V	B	G

5

N	O	M	E	K
H	K	O	N	M
O	E	N	K	H
M	H	E	O	E
H	N	M	K	M

6

Q	F	C	Q	A
A	B	J	C	Q
J	C	A	F	B
B	Q	F	C	A
F	A	J	B	J

7

K	L	B	F	N
K	E	L	B	N
B	N	L	K	E
N	F	K	N	F
E	L	F	B	E

珊瑚礁的种类

人们将珊瑚礁分为3种：

● 岸礁

岸礁的分布最为广泛。它们主要集中在海岸附近，并向大海中心延伸。

● 堡礁

堡礁与岸礁非常类似，但分布区离海岸更远一些，并且与海岸不相连。

● 环礁

环礁看上去就像是水中的大圆环。它们主要集中在火山岛的边缘地区。有时候这些岛屿会沉陷或完全消失，然后就留下了这种环状的珊瑚礁。

知识拓展

现在世界上最大的珊瑚礁是澳大利亚海岸附近的**大堡礁**。它的长度超过2000千米，甚至从太空都可以看到。由于具备丰富的物种，大堡礁已经被列入世界自然遗产名录，并受到保护。

珊瑚礁有着令人难以置信的多样色彩。在色彩缤纷的珊瑚礁中居住着颜色各异的鱼和海绵，还有海葵在水中伸着懒腰围观鲨鱼或石斑鱼捕食猎物。

小丑鱼尼莫

自从动画电影《海底总动员》播出以后，几乎每个孩子都知道了小丑鱼。小丑鱼的家非常特别：它们居住在有毒的海葵中。这些海葵看上去像是植物，却属于动物。由于它们的外形看起来像花朵一样，所以人们也称它们为花朵动物。

你知道吗？

小丑鱼在出生时都是**雄性**的，一段时间之后才会有一些变成雌性。

小丑鱼通过一层专门的黏液层可以抵御海葵的毒性。在遇到危险时，它们也会藏身于海葵的触须当中保证自己的安全。

作为回报，小丑鱼会帮助海葵抵御敌人、净化触须，有时也会为它们提供食物。

身上带刺的医生鱼

医生鱼是一种非常漂亮的鱼。它们尾鳍的开端处有两道如刀般锋利的刺。如果我们不小心碰到这一部位，很有可能会被严重刺伤。幼小的医生鱼在色彩上与成年鱼明显不同，以至于以前人们都把它们当成不同品种的鱼。蓝色的医生鱼在幼年时是黄色的，成年之后才变成蓝色。

自备“睡袋”的鹦鹉鱼

鹦鹉鱼在嘴部长有喙，这使它们看起来就像是鹦鹉。它们最喜欢在珊瑚上来回不断地咬食可口的海藻。到了休息时间，一些鹦鹉鱼会吐出黏液，形成一个透明的黏液囊，然后钻进去，在这个特殊的“睡袋”里度过一整夜。据推测，黏液囊的作用是防止夜间捕食者嗅到它们的气味。

知识拓展

珊瑚鱼是彩色的，因此它们可以在色彩多样的环境中更好地隐藏自己。它们的生存规律就是，色彩越多样，它们就能伪装得越好。

大家来找茬

下面两幅图共有6处不同，小朋友们能找出来吗？

激动就会变身的河豚

小朋友们下次参观海洋水族馆时，无论如何都要去看一看河豚。它们的游泳技术堪称一绝。为了能够前行，它们会快速扭动胸鳍，此时的胸鳍看上去就像是螺旋桨一样。河豚极其敏捷，甚至会回游。当它们情绪激动时，比如受到威胁时，就会变成一个圆球。通过肌肉用力，它们可以迅速将水压入胃中，直到身体看上去几乎要爆裂为止。这种做法可以震慑住大多数捕猎者，从而吓跑它们。河豚有剧毒，毒素存在于皮肤和一些器官当中，但它们的肉却不含毒素。在一些国家，河豚甚至是特产，但其烹制方法却不简单，只有经过专门培训的厨师才能将河豚肉处理得当，做到“既美味又无毒”。尽管如此，河豚中毒事件还是屡有发生。

鱼身之谜

如果你们能将下面鱼身上的英文字母正确组合的话，那么就能得到珊瑚的英文单词了。

夜间猎者——海鳗

当海鳗用不信任的目光从巢穴里向外窥视时，它们看上去不是那么友好。可是一旦发现了自己喜欢的猎物时，比如小鱼、蟹、章鱼等，它们就会像鱼雷一样从隐身之处飞射而出。它们有着一口锋利的尖牙，我们一旦不小心碰到它们，很可能就会被咬伤。此外，还有一些海鳗有毒。海鳗习惯在夜间捕猎，也从来不会远离自己的巢穴。海鳗又细又长，大型海鳗长度甚至可以超过3米。

此海绵非彼海绵

虽然难以置信，但海洋中确实存在着天然的活海绵。它们并不像动画片《海绵宝宝》的主人公那样多嘴多舌，因为它们是一种构造非常简单的海洋动物，没有头，也没有器官，但它们的颜色非常漂亮——当然包括我们熟悉的黄色。一些海绵可以长得非常大，看上去就像大花瓶一样。

知识拓展

早在古希腊时期，天然海绵就已经作为**洗浴用品**备受追捧了。

水下清洁工——有请下一位！

在海洋中生存的鱼儿常常会遭到寄生虫的侵袭。这些讨厌的家伙在鱼儿的皮肤上安家落户，并且毫无顾忌地享受着它们宿主的血液。但鱼儿们又没有长手，它们该如何除掉这些讨厌鬼呢？这一切都不是问题，因为在珊瑚礁中有专门的“清洁站”，就像我们经常见到的洗车房一样。

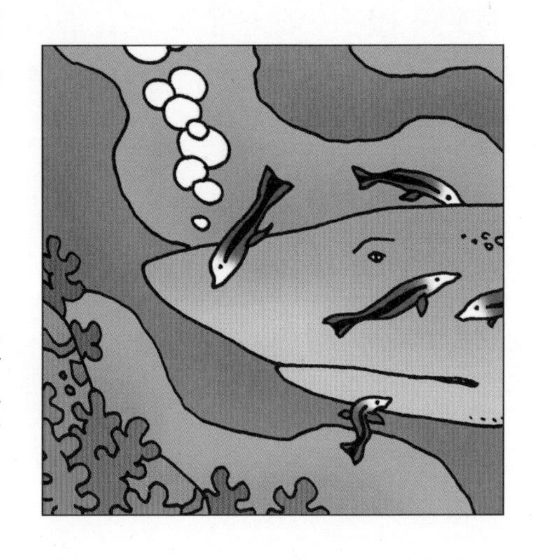

在这里有专门的鱼虾提供清洁服务。有时前来清洁的动物太多，它们会自动排起规则的长队，就像洗车房外的情景一样。甚至就连鲨鱼、蝠鲼和石斑鱼都会排成一排，耐心等待。由于这些清洁鱼可以通过清除坏死的皮肤来使伤者的伤口得以恢复，所以它们又有“珊瑚礁里的医生”的美称。当清洁鱼将皮肤清理完毕之后，就会通过特定的动作要求“顾客”张开嘴，然后钻进“顾客”口中，为它们清洁牙齿。这些“顾客”不会吃掉清洁鱼，而清洁鱼则获得了免费的食物。

如果“顾客”是脾气暴躁的肉食鱼，清洁鱼也同样有办法使它们恢复平静。清洁鱼会围绕着躁动的“顾客”来回浮动，并温柔地安抚它们，这样清洁工作就可以继续下去了。

海洋中的植物世界

海草

海底的水生植物为许多鱼种提供了保护性的生存空间。鲑鱼和鳕鱼在海草中长大，小海马来回穿梭于叶子当中，刀片鱼非常隐蔽地轻轻掠过海草丛。最大的海草寄居者是儒艮——一种几乎长达4米的海牛，俗称美人鱼。

英文充电站

好酷的潜水员呀！下面是和潜水相关的词，请小朋友们找出它们对应的英文单词。

潜水	compass
面镜	fins
呼吸管	diving
蛙鞋	mask
气瓶	snorkel
指南针	cylinder

水下的马——海马

海马是鱼类，尽管它们的外形似乎和鱼一点关系也没有。它们之所以叫海马，完全是因为头部形状特别像马头。不过海马游泳本事差了些，所以对它们来说有一点非常重要，那就是必须很好地隐藏自己。海马多生活在海岸附近、珊瑚礁以及浅水区域的海草丛中。它们在水中沿直线向前游动，尾鳍迅速摆动，看起来就像一个小小的螺旋桨。目前，世界上大约有30种海马，它们的长度在4到30厘米之间。

海马通过它们的尖嘴将食物——甲壳类动物、小虾、水蚤以及幼鱼吸入体内。多数时间它们都是在进食中度过的，每天能达到10个小时。当它们找到自己的伴侣后，通常一生都不会分离。

海马的哺育方式也非常特别：母海马会将卵产在公海马的肚袋中，然后数百个小海马就会被孵化出来。在进行孵化时，公海马会用尾巴将自己紧紧缠绕在海草的叶子或茎秆上。

知识拓展

一些海马可以迅速地**变换颜色**，让自己和海草融为一体。谁喜欢吃海草呢？这样海马就可以保护自己免受敌人的侵害了。

海底迷宫

在潜水时，尼克发现了两条章鱼。它们试图用长长的触须抓住他，哪条触须抓住他了呢?

刀片鱼

刀片鱼体长约为14厘米，看起来就像是细长的刀刃，通常是头部朝下垂直地穿过海草。要想在海草丛中找到细小的刀片鱼，可是要费一番大力气。遇到危险时，它们会横向游走或借助海胆的刺寻求保护。

水下的母牛——儒艮

在印度洋的鲨鱼湾有一片世界上最大的海草丛，濒临灭绝的儒艮（rú gèn）就居住在这里。儒艮属于海牛目，身长大约2到4米，重量在250到900千克之间。它们是食草动物，每天必须吃掉40千克左右的海草，目前大多居住在平坦的近海水域。

知识拓展

海牛和鲸鱼以及海豹一样，都是**海洋哺乳动物**。也就是说，它们直接生下成活的幼仔，而且它们没有腮，所以必须潜出水面换气。

儒艮的近亲是生活在中美洲和西非近海水域的海牛。与儒艮不同的是它们也会游到河中去。

大家来找茬

下面两幅图共有6处不同，小朋友们能找出来吗？

红树林

红树林生长在热带海岸的海水中，这里天气酷热，并遭受周期性涨潮退潮的浸淹。通过主根，红树林中的树可以将自己牢牢固定在淤泥当中。它们不仅能够阻挡洪水，还能为数百种不同的动物提供生存空间。在树根处生活着虾蟹和贝类，蜗牛和海绵也在此安家，此外树下的水中还生活着枪虾和各种各样的鱼。

虾虎鱼和手枪虾——罕有的共生体

虾虎鱼是一种生活在海里的食肉类鱼，约有1200个种类。其中一类具有一个特殊的本领——看门。它们与枪虾生活在一起，构成一个非常特别的利益共同体。视力极差的枪虾是挖掘高手，可以为自己和虾虎鱼挖出舒适的住所，并保持住所的清洁。作为回报，虾虎鱼负责看守家门，一旦有敌人接近，它就会通过特殊的动作向枪虾发出警告。两个小家伙就会飞速地退回到洞里。枪虾会用自己长长的触须始终与虾虎鱼保持着接触。

除此之外，枪虾还有一样非常特别的武器——虾钳。它们将钳子合拢时会发出一声脆响，同时可以制造出一股射程约为两米的水流。这道水流的速度几乎可以达到每小时100千米，力道非常强大，甚至可以杀死小型鱼虾。在这一过程中，枪虾会发出非常响亮的“啪啪”声，在水中很远的地方都能听见。

巨大的海带草丛

在郁郁葱葱的海带草丛（又名大叶藻丛）中，聚居着多种生物，它们在这里嬉戏玩闹，繁衍生息。海带草的叶子长达60米，随水流移动时就像是浓密的帘子。

巨大的海带草需要稳定的土层来固定根基，所以我们只会在岩石较多的海岸发现它们。海带草的旗瓣上布满了充满气体的小泡，这些小泡可以使它们的叶子垂直地立在海中。

知识拓展

一些**海带草**每天可以生长50厘米。

火眼金星

收获颇丰呀！渔夫们骄傲地提起了鱼的尾巴，这些都是他们的战利品噢！但是，似乎有些不对，其中一条鱼有点问题。小朋友们能找出是哪条鱼吗？为什么呢？

用餐具进食——海獭

除了贝类、蟹和鱼之外，海獭也是海带草丛中最重要的寄居者之一。海獭几乎整天都在居住区里搜寻着食物。它们以海胆和鲍鱼为主要食物。海獭抓到猎物后，通常会抱着一块石头浮出水面，接下来就会把石头放在自己的肚子上当作砧板，并在上面将猎物砸开。

知识拓展

鲍鱼是一种**单壳海生贝类**，对于我们而言，它们也是珍贵的美餐。

当海獭感到疲惫时，它们会用海藻为自己造一个水垫。它们把黄褐色的海藻叶围着自己的肚子缠在一起，在睡觉的时候轻轻摇晃。这样就不会出现被波浪冲走的危险了。海獭几乎只生活在水中。它们有一层厚厚的皮毛可以抵御寒冷，阻挡湿气。就连海獭的幼仔也会由妈妈直接带入水中。但它们自己还不会游泳，于是海獭妈妈就将它们放到胸前，在海中仰泳。

水下的“铠甲武士”

对于某些海洋动物，大自然赐予了它们一套特别的“铠甲”——甲壳，可以保护它们不被敌人吃掉。在遇到危险时，这些动物就可以退缩到它们牢固的甲壳内。许多蜗牛、贝类以及蟹类都属于水下的“铠甲武士”。

蜕皮而变的螃蟹

就像某些昆虫和节肢动物一样，大多数螃蟹都有一层蟹壳来保护自己。但蟹壳是固定的，不能延展。随着蟹的成长，蟹壳就会越变越紧，所以蟹要时常从越来越紧的壳体中钻出来。这一过程人们称为蜕皮。旧的蟹壳裂开以后，蟹就会从壳中爬出。此时，它们的身体上已经长了一层更大的新蟹壳。新蟹壳一开始的时候可能还比较软，但是很快就会变硬。

口袋蟹是螃蟹的一种。它们身体较宽，蟹钳有力。蟹钳是它们捕食猎物的好工具。它们通过蟹钳夹紧食物，然后用脚将食物送入口中。一只成年口袋蟹重达几千克。因为它们不会游泳，所以只能在海底横向移动。

大家来找茬

下面两幅图共有7处不同，小朋友们能找出来吗？

喜欢搬家的寄居蟹

寄居蟹常常利用被遗弃的螺壳作为自己遮风挡雨的住所。它们用后脚将自己牢牢地固定在螺壳中，并一直带着这套租来的“房子”四处溜达。当它们觉得“房子”太小时，就会离开，另觅佳宅。

火眼金星

下面哪个是龙虾的影子呢?

挥舞大螯的龙虾

龙虾是甲壳类中的庞然大物：长度可达半米，体重可达5千克。

龙虾身上特别引人注目的是它们的螯。如果我们仔细观察，就会发现螯的大小是不同的。大一些的螯可以用来夹裂和捣碎藏身在保护壳中的食物，比如贝类。此外，它们还是龙虾保护自己的武器。小一些的螯看上去更像是一把钳子，可以用来固定和分解食物。

知识拓展

龙虾是一道广受欢迎的美食，但其烹制方法却存在着很强烈的争议，因为它们是活着被扔进滚烫的水中。在这一过程中，龙虾会变成火红色。

雄性龙虾的螯要比雌性龙虾的大得多。螯在雄性龙虾寻找配偶时也发挥着非常重要的作用：它们就是用这些强有力的大钳子来给母虾留下深刻的印象。

夏天龙虾喜欢聚在布满岩石的浅海区域。白天它们躲在岩石缝隙和洞穴里，夜间才出来活动。到了冬天，它们就会游回更深一些的海域，在沙土中为自己挖掘洞穴过冬。

龙虾以灰褐色为主，但也有少数例外。

长着触须的无螯龙虾

无螯龙虾和龙虾是近亲。它们的体长大约为45厘米，体重可达8千克。但它们没有螯，取而代之的是超长的触须。无螯龙虾的触须可以独立活动，是用来导航或防御的好工具。无螯龙虾非常害羞，所以它们只有在夜里才从洞穴里出来，常常会游出数百米寻找食物。总的来说，无螯龙虾喜欢四处漫游，但它们采取的是一种非常奇特的方式：数百只龙虾构成一条常常的链条，然后前后整齐地排列着

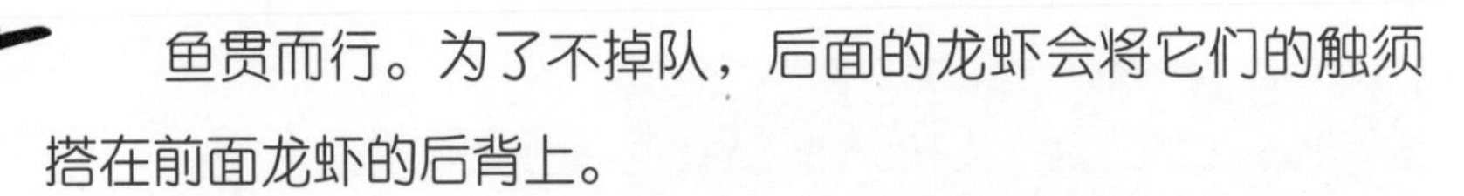

鱼贯而行。为了不掉队，后面的龙虾会将它们的触须搭在前面龙虾的后背上。

与龙虾一样，无螯龙虾也是来自海洋的美味珍馐。目前这种龙虾的存有量已经严重下降。母龙虾每两年才产一次卵，它们会把卵放在交叉的后腹上。

英文充电站

宝拉在海底潜水时发现了6样东西。小朋友们知道这6样东西所对应的英文单词吗？请将单词和对应的序号连接起来吧！

贝壳关门——贝类生物

贝类生物也会将身体缩到保护性的甲壳中。与螺和乌贼一样，它们也属于软体动物。也就是说，它们的身体是软的。贝类生物的典型之处是拥有两扇贝壳，在遇到危险时，贝壳就会合拢。

我会游泳——扇贝

扇贝又被称为雅各布扇贝或朝圣扇贝，因为它们在中世纪时已经成为圣雅各布的象征了。扇贝长度大约为15厘米。它们通常生活在海底，并且通过过滤海水来寻找食物。在它们外套膜的边缘，有非常精细的触须以及大量敏锐的眼睛。通过触须和眼睛，扇贝可以及时地发现敌人。

在遇到危险时，扇贝会快速地张合外壳。这一过程中，它们会将海水挤压出壳体，这样就形成反推力，然后它们就可以沿着锯齿形路线逃生了。

鸟蛤和贻贝

人们常常会在海滩上发现空贝壳。其中特别漂亮的是带有深纹的鸟蛤贝壳。鸟蛤可以非常好地隐藏在沙子里，并像扇贝一样从咸水中过滤出浮游生物。一只中等大小的鸟蛤在一小时之内可以过滤两升水。借助脚，它们可以很快地在地上挖洞，并将自己藏入洞中。然后它们会借助一根吸管呼吸和观察外面的情况。四周的一切都在它们的视野之内了。

贻贝，俗称海虹，呈三角形，表面有一层黑漆色发亮的外皮。它们靠由足部分泌出的足丝将自己固着在岩石或其他物体上生活的。足丝坚固而且富有韧性，贻贝不仅通过它们固着自己，也靠它们往前移动。

贻贝对周围的环境适应性很强。在涨潮时，它们会把自己完全封闭起来，并通过保留在壳体内的水进行呼吸。

知识拓展

贻贝也是一种深受大家喜爱的海产品。现在人们多在贝类养殖场对贻贝进行**人工养殖**。贻贝的饲养周期为一至两年，之后就可以运到海鲜市场上销售了。

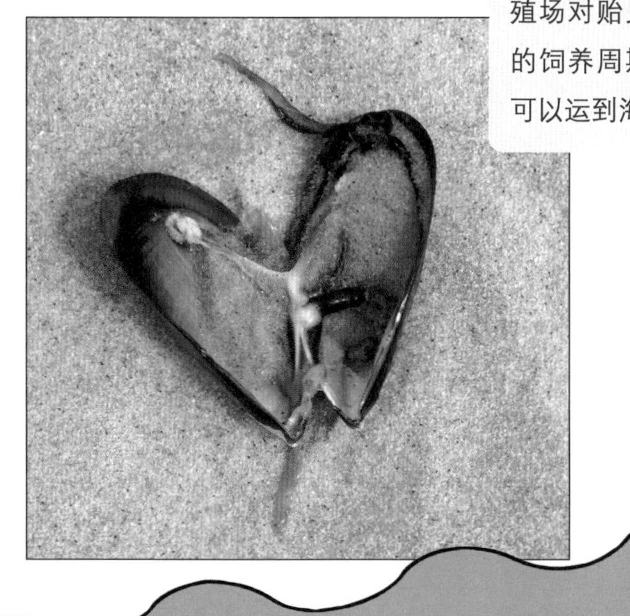

珍珠是怎样进入贝壳内的？

和牡蛎一样，贝类是欧洲人（特别是法国人）的桌上美食。厨师将鲜活的贝处理干净，配上柠檬，然后端到餐桌上供客人享用。但它们深受欢迎并非只是因为好吃，还因为它们体内的珍珠价格不菲。

至于珍珠是怎样出现的，我们很难确定。人们推测，可能是沙粒掉入贝壳内，然后被多层珍珠质包围住，最终慢慢形成珍珠。

有“房产”的螺

海中生活着数量惊人的螺。它们背上的螺壳就是它们的房子，有的呈螺旋状，有的呈茅屋状，有的低矮平坦，有的则像小塔楼一样，但不管外形如何，都非常实用。

致命的锥形螺

锥形螺的外壳异常漂亮，但里面的肉体却含有剧毒。它们的捕猎技术非常特别，它们会将一颗锋利的牙齿射向猎物，这样一来，毒素就进入猎物体中，猎物就会死亡。对人类而言，被它们咬中也同样可能致命。锥形螺喜欢的食物主要是蟹类生物，但它们也不拒绝螺以及贝类。

紫螺

人们曾经从紫螺身上提取过颜料。最初发现和利用紫螺颜料的是腓尼基人。他们发现，在阳光的作用下，紫螺黏液的颜色首先会变绿，继而变蓝，最后变成紫红色。古罗马人将紫色视为权力的象征：只有元老院议员和国王才可以使用这种颜色。要想从紫螺中提取紫色颜料，成本很高，而且费时费力：1克纯紫色颜料需要8000只紫螺的腺。如今，人们几乎不再使用这种提取方法了，但紫螺颜料依然是世界上最贵的颜料之一。

身背浮囊的紫色海蜗牛

为了能够在广阔的海洋中前行，紫色海蜗牛为自己打造了一辆“气囊车”。为此它们会分泌出一层黏液，然后将黏液涂抹在气囊上面。等到黏液凝固以后，浮囊就可以起航了。借助它，紫色海蜗牛可以在海面上惬意地随波前行。

知识拓展

在海中还生活着大量的鼻涕虫。和我们在户外见到的鼻涕虫不太一样，它们可以呈现出极其美丽的色彩。因为没有起保护作用的外壳，所以它们中很多就通过分泌毒素来保护自己。

数字九宫格

请小朋友们帮助下面的这些动物搞定难缠的数字九宫格吧！小提示：大九宫格的每一行、每一列以及小九宫格中数字1到9都不能重复出现。

	5		1		8		3	
9	6			4				
			7				2	5
5		9		2	3			8
6						3	9	2
	7		9	8	4			
		6			7			9
	9	4		5		2		
					2	8	7	

5		6					4	3
			4		1		9	
	9			6			2	
3		4		5		6	7	
	8			3	2			
2		9	7					5
9		3				2		
			3	8	9	7		
1						9	3	4

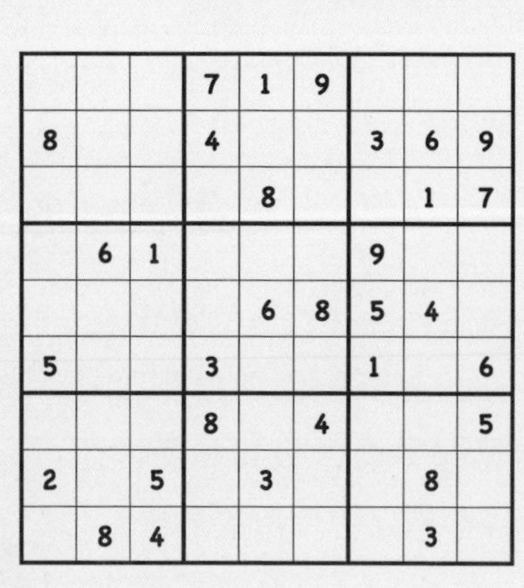

			7	1	9			
8			4			3	6	9
				8			1	7
	6	1				9		
				6	8	5	4	
5			3			1		6
			8		4			5
2		5		3			8	
	8	4					3	

	8	2	1		9			
5	6				7	9		3
			4	3		2		
				9			3	
	7	8		1	4	5		2
2				7			4	
		3	7			4		
4	2			8				
				4	2		6	9

海中的荨麻——水母

哎呀——真疼！也许你在海中游泳时曾遇到过水母这一不速之客。人们一旦触碰到水母，通常就会出现灼烧一般的疼痛，所以许多人都不喜欢这种动物。但当它们在水中游动时，确实是一道不可错过的美丽风景：轻柔飘逸，优美之极，就像某种来自陌生世界的生物推着它们前行一样。许多水母看上去相当柔嫩脆弱，就好像随时都可能消散一样。某些水母甚至可以通过特定的技术让自己发光。

世界上毒性最大的水母是海黄蜂。这种箱体水母闪烁着淡青色的光芒。它们的帽盖不是圆的，而是角状的。海黄蜂直径可达30厘米，触须有3米长，并且上面布满了刺丝囊。当它们触碰其他生物时，在0.005秒内就会从这些囊中伸出一些刺丝，刺进生物的皮肤，然后将毒素释放出去。毒素会很快扩散，猎物就会全身麻痹，游不动了。

人类虽然不是海黄蜂的捕食对象，但海黄蜂致人死亡的事件也屡有发生：单是一只海黄蜂的毒素就可以使60个人丧生。

知识拓展

水母属于**腔肠动物**，与珊瑚虫是近亲。5亿多年来，它们一直生活在海洋中，算得上是海洋里高等生物的祖先。

海中的星星——海星

海星生活在大海中。它们的家族非常庞大，有超过1600多个品种。有些海星只有几厘米长，还有些海星直径则可达一米。海星颜色各异：红色、黄色、棕色，甚至是蓝色。它们以螺、寄居蟹、海绵以及螃蟹等为食，尤其喜欢贝类生物。为了能够吃到贝类可口的肉，海星会使用它们的腕。大多数海星都有5只腕。在这些腕上分布着许多具有吸盘的管足。海星就是用它们来固定住贝类生物的两片贝壳，然后将贝壳往两边拉。慢慢地，贝类就没有力气再合拢贝壳了。一旦贝壳出现一丁点儿缝隙，海星就会将胃翻出来，伸到贝类的体内，然后消化过程就开始了，到最后就只剩下空空的贝壳。海星每天吃掉的东西相当于自身体重的3倍。

知识拓展

与海胆、海参一样，海星也属于棘皮动物。棘皮动物没有易于辨认的头部，所以我们很难说它们哪头是前，哪头是后。

火眼金星

下面的图中有两只海星是完全一样的，小朋友们能找出来吗？

海中的刺猬——海胆

曾经领教过海胆刺的人一定不会忘记被海胆扎伤的疼痛感。海胆几乎通体长满棘刺，棘刺又可以分为较长的外层棘刺和较短的内层棘刺。还有一点非常令人惊奇，那就是海胆身上各种各样的棘钳都具有不同的作用。具有擦拭作用的棘钳可以用来清除身上的污泥，能够翻转的棘钳方便挖掘东西，带毒的棘钳可以用来掐住进攻者，然后将它们赶跑，还有一种像锉刀一样的棘钳，可以像割草机一样切割海草。有时，我们可以在海滩上看到海胆圆圆的骨架。

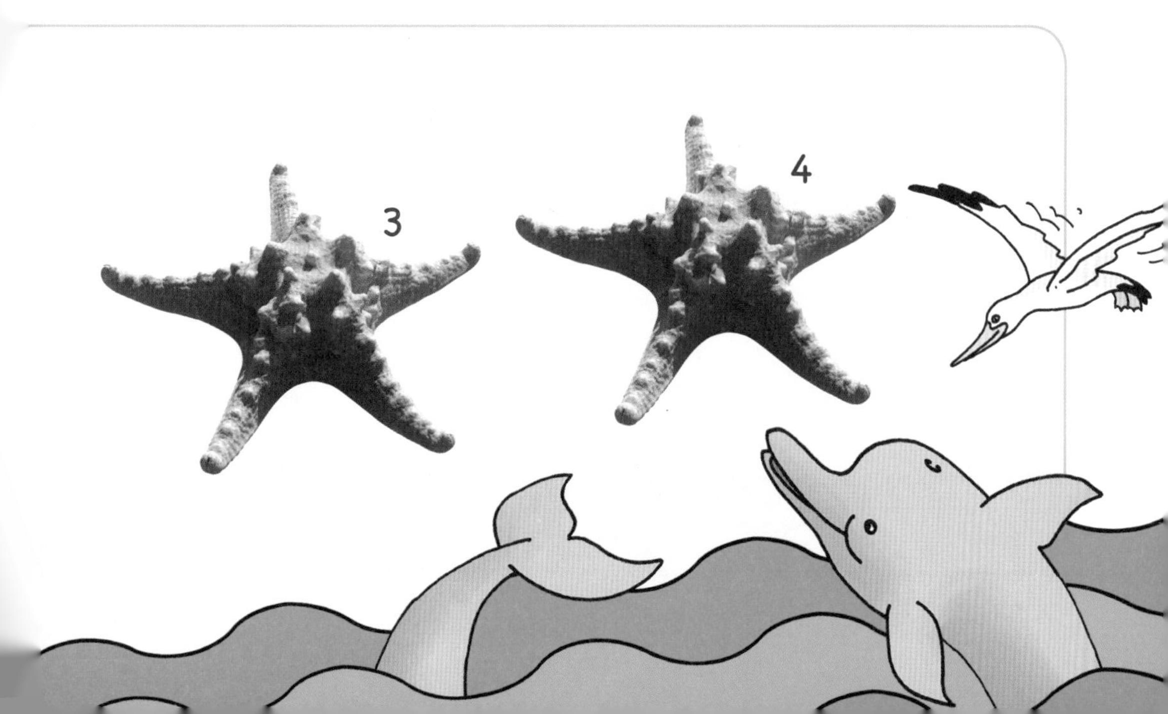

海底大搜寻

潜水员凯伊在海底遇到了一些奇特的东西，你也看到它们了吗？另外，你能帮助海底的海蜗牛穿过纷乱不堪的海胆丛到达三明治那里吗？

蠵龟

蠵（xī）龟，是海龟科的一种，出生在陆地上，又名红海龟、赤海龟。出生后，它们会在水中度过几乎一生的时间。这可是一段很长的时间，因为海龟的寿命可以超过80年。它们主要生活在地中海，在热带及亚热带海域也有分布。母蠵龟只有在产卵时才会离开大海。它们会在沙滩上挖出一个洞，然后将乒乓球大小的卵放入洞中，卵的数量可多达100只。等卵放好以后，母蠵龟会用沙子将洞口封住，然后再慢慢爬回水中去。接下来，孵卵的任务就交给太阳公公了。大约60天以后，小蠵龟就破壳而出了，它们会立刻返回海中。成年蠵龟体长可达半米。它们的食物主要是海胆、蟹类以及海蜇。

知识拓展

海龟是爬行动物。据推测，它们是在2亿多年前由陆地龟发展演变而来的。

海龟之谜

在下面这幅图中，你可以看到多少只海龟呢？

海底世界

下面图片中分布的字母组合起来就是图中一种动物的英文名称，字母的顺序千万不要错了哦，否则就得不到正确答案啦！

K
A
S

喷墨类头足纲动物

喷墨类动物属于头足纲动物家族。从这个名字我们就能知道这类动物的脚是长在头上的，它们包括章鱼、乌贼和枪乌贼。

章鱼有8只触腕，触腕的底面布满了吸盘，所以它们又被称为八爪鱼、八带鱼。章鱼的整个身体看起来就像是镶了两只大眼睛的皮袋。它们没有骨头，身体非常柔软，柔韧性强，因此可以穿过非常狭窄的缝隙。它们最喜欢待在岩石的缝隙中，用触腕来捕捉食物。如果附近没有天然的岩石，它们就会自己搬运石子，建造一面石子防护墙。章鱼主要生活在地中海、大西洋以及北海区域。

章鱼的学习能力很强，而且相当狡猾。它们可以拧开玻璃杯盖，拔掉瓶塞。在地中海地区，人们曾发现章鱼从渔网中偷取食物。它们灵活的身体可以穿进渔网的网眼。为了保证自己能够顺利地吃完美味，它们会在头上方放置废弃的塑料垃圾，而自己则躲在下面津津有味地享受美食。它们的嘴像鹦鹉的嘴一样坚硬，甚至可以敲碎蟹类的甲壳。

章鱼的主要敌人是鲨鱼、海鳝和海豚。与所有喷墨类鱼种一样，章鱼在遇到危险时也会使用计谋：它们会喷射出墨色的液体，用以迷惑敌人，让敌人在一定时间内搞不清东南西北，因为此时敌人的眼前早已经是漆黑一片了。与此同时，章鱼会赶紧改变颜色，然后逃之夭夭。

巨型海怪——大王乌贼

小朋友们可能听过长有腕足的巨大海怪的故事。故事中的海怪可以将整个船扯向海水深处。很长时间以来，这样的故事一直被认为是杜撰出来的惊险故事。但最近人们却总是发现大型枪乌贼，它们虽然不至于把船弄沉，却也体型巨大，实力不容小觑，跟故事中的海怪有一拼。人们对它们的了解并不多，因为迄今为止人们很少能见到活着的大王乌贼。曾经有几具重达300千克、腕足长达10米的大王乌贼尸体漂到岸边。可以确定的是，这些大王乌贼曾在深海中捕猎，并和抹香鲸进行过殊死搏斗，因为人们从抹香鲸的皮肤上发现过巨大的吸盘。在一些海洋馆里你们也许可以看到大王乌贼，比如位于德国施特拉尔松的海洋馆。

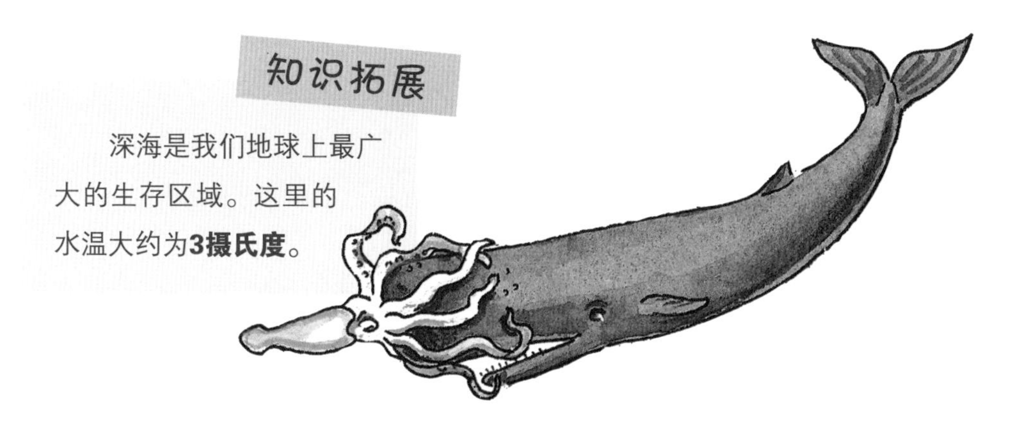

知识拓展

深海是我们地球上最广大的生存区域。这里的水温大约为**3摄氏度**。

大王乌贼像所有的枪乌贼一样有10只触腕，其中两只构成触须。论起眼睛的大小，它们在动物界中无人能及，因此即使在又大又暗的深海中它们依然能清楚地看见东西。抹香鲸是它们唯一的敌人。

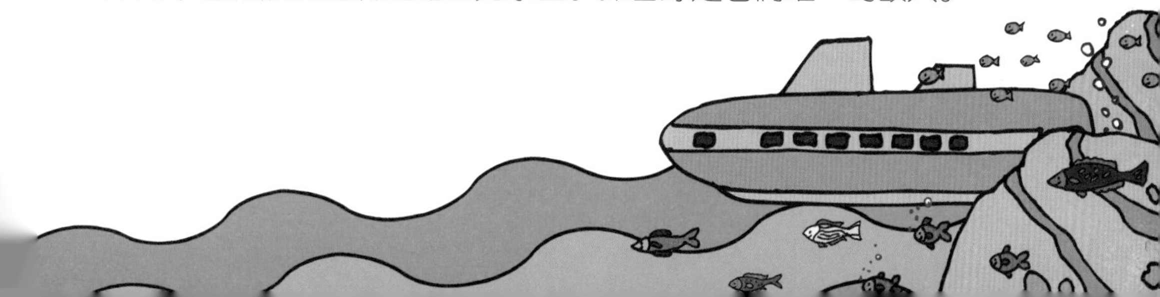

黑暗的生存区域——深海区

海平面以下的深海世界昏暗而又神秘。但更令人感到惊奇的是，在这种寒冷而又食物短缺的环境中依然存在着许多生物。其中一些看上去实在恐怖，若是拍恐怖电影的话，它们是当之无愧的主角。

深海中的鱼类都不挑剔，因为这里食物稀少，可选择的余地很小。所以一些深海鱼会将嘴张得特别大，并且它们的胃还可以伸展，保证它们能够将猎物吞掉，即使猎物远远大于它们自身。

深海鮟鱇——会发光的猎手

深海鮟鱇（ān kāng），又名灯笼鱼，是一种非常狡猾的鱼。它们用一根顶端可以发光的“钓竿”来引诱猎物，而这个“钓竿”就长在它们的脑袋上！至于灯光，则是它们借助发光菌发出的。当小鱼在光的吸引下靠得足够近时，它们就会从黑暗中猛地窜出，将小鱼吃掉。当它们不再想发光时，也会把“灯”关掉，然后收起来。

知识拓展

人们将鮟鱇等可以自己发光的生物称为**生物发光体**。

火眼金星

下面的6幅图中有两只深海鮟鱇鱼是完全相同的，小朋友们能找出来吗？

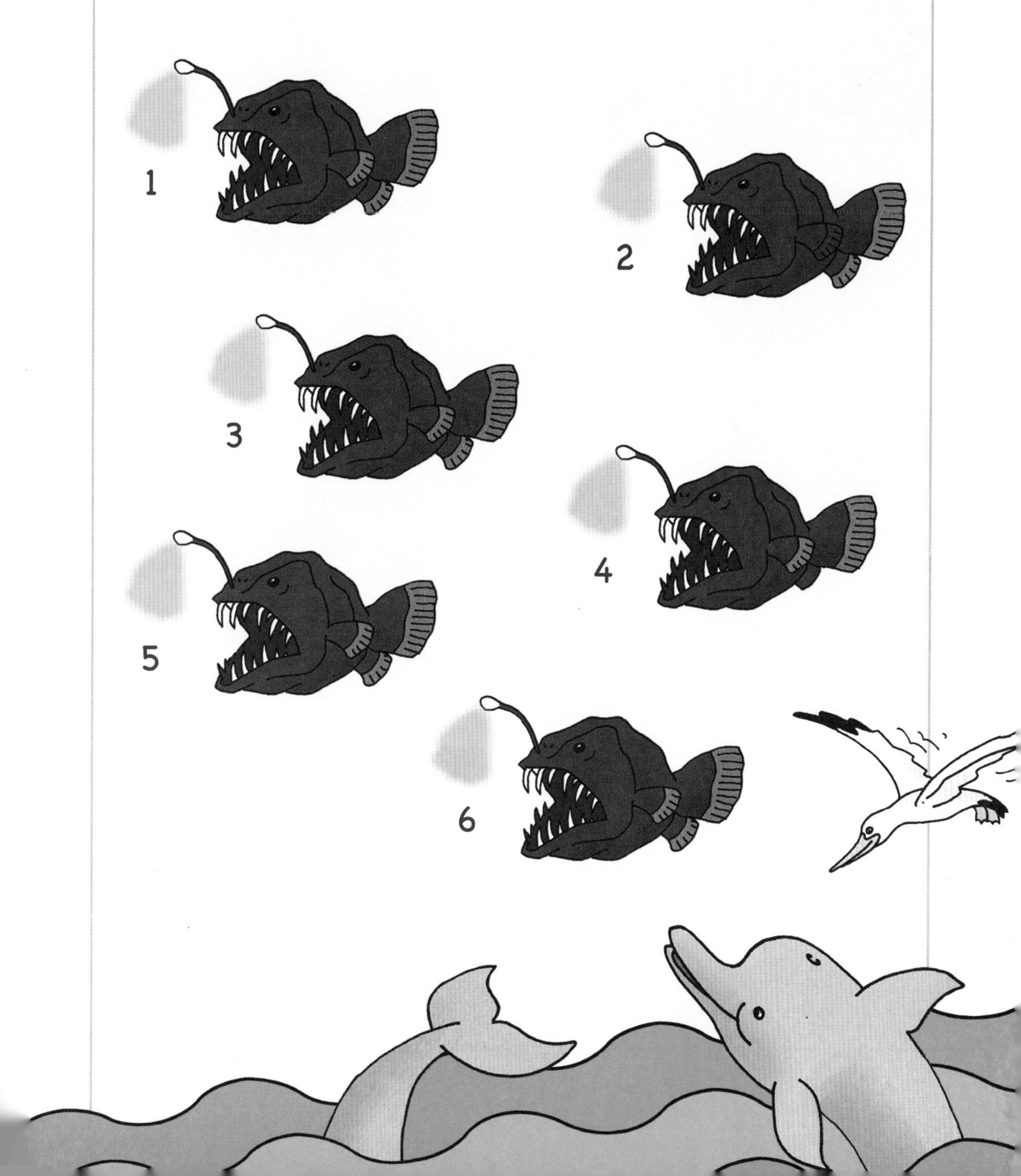

深海中的爬行动物

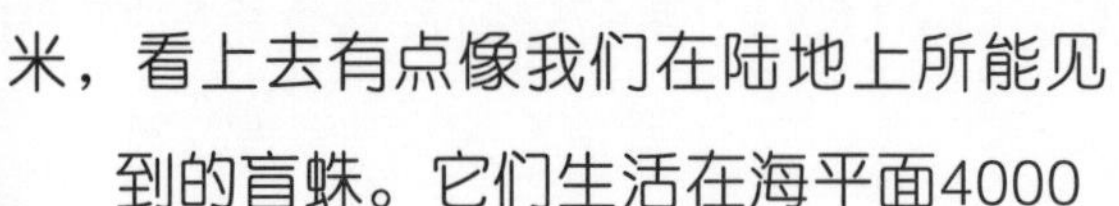

海蜘蛛是深海中的一种爬行动物，直径可达50厘米，看上去有点像我们在陆地上所能见到的盲蛛。它们生活在海平面4000米以下的海域中。这里是它们的天堂，它们在海底悠闲地爬来爬去。

海参在海里都做些什么？

海参，又名海鼠、海黄瓜，外形像蚕，身上凸凹不平，是海洋中的珍品。它们生活在6000米深的海域，颜色各异，从单调的灰色到缤纷的彩色，样样俱全。海参的口在前端，这里布满了触手。

虽然海参有数百只小脚，但它们行动非常缓慢。当受到攻击时，它们会毫不犹豫地将自己的内脏抛向敌人。这一招往往会迷惑住大多数敌人，从而为自己争取逃跑的时间。不过不用担心，一段时间以后海参的内脏还会再长出来。

知识拓展

海参属于**棘皮动物门**，与海星和海胆是近亲。

我是算术王

宝拉和潜水艇一起来到深海中。如果你能将所有隐藏的数字加起来，那你就能知道它们下潜的深度了。

冰火两重天——喷黑烟的“烟囱”

1977年，研究者发现，海面下2500米深处的火山口持续不断地往外排着黑烟。冰冷的海水渗入地壳并与炽热的岩浆相遇，海水由于急剧受热，像喷泉一样从海底激射而出。在这一过程中，随之喷出的还有金属以及其他化学物质。一些火山口仅仅一秒钟之内就能喷出十多千克的矿物质。它们在冰冷的海水中变成了灰云，灰云中的灰烬后来沉到了海底，堆积成了高高的火山筒。而这些火山筒是迄今为止人们发现的最高的“烟囱”，超过了40米，相当于14层楼那么高。

火山筒的四周充满了有毒气体，它们与内部的水流一同上升。但更令人惊奇的是，在这样不良的环境中竟然还有生物存在。

在这些“黑烟囱”的底部，成片的管状蠕虫随着水流摆动，它们白色的管体紧紧地固定在泥土中；再往上就是长着红色触须的蠕虫；在“烟囱”之间还穿梭着如同鬼魅一样密集的透明小虾群；整个岩脉上遍布着大个的贝类生物；还有视力很差的白色螃蟹为了寻找浮游生物和小虾等食物四处游荡。

前暖后热的庞贝蠕虫

庞贝蠕虫是一种体长为10至15厘米的毛足纲动物。在承受高温方面，它们是动物界中的佼佼者：它们可以直接附着在炙热的火山筒外壁上生活；它们的头部位于20摄氏度的温水中，而尾部则可以承受80摄氏度的水温。它们还可以通过特殊的技能来冷却周围的环境，因而在火山筒旁边也有菌类存在。

你知道吗？

火山筒附近的水由于受热会出现沸腾，形成海底热泉，温度可以超过360摄氏度。

蠕虫之谜

在下面的图中，你可以看到多少只蠕虫呢？

食物链

吃与被吃——海洋中的整个生命体系都遵循这一规律。这里有一点很清楚：通常情况下都是大生物吃小生物。

食物链是从最小的浮游生物开始的。浮游生物一词源于希腊语，意为“漂流、漂泊”。人们将浮游生物分为动物学上的浮游生物和植物学上的浮游生物，后者被称为浮游植物。浮游植物的出现起因于海底的养分随着水流上升。一旦这些养分吸收了光线，它们就会变成浮游植物，也就是微型的植物生命体。浮游动物则是由贝类、鱼类、海蜇、蟹类等生物的幼虫或卵组成的。此外还包括微小的桡足类动物：在地球上，这类生物数量大得惊人。它们最大的竞争对手可能是磷虾。磷虾也属于浮游动物，它们是须鲸最喜欢的食物。磷虾只在两极海域才有分布。

浮游植物是食物链的开始，并且构成了所有海洋生物生存的基础。

- 浮游植物被浮游动物吃掉。
- 浮游动物被小鱼吃掉。
- 小鱼被大鱼吃掉。
- 大鱼被海豹吃掉。
- 海豹又被在海洋动物中处于海洋食物链末端的虎鲸吃掉。

浮游植物的主要成分是单细胞的硅藻。根据最新研究，碳元素储量最大的地方不在热带森林里，而在海洋中的浮游植物身上。

鱼类——来自大海的食物

大海中有丰富的食物，对我们人类来说也是如此。每年人们都要从海洋中捕捞7000万至8000万吨鱼。这其中特别受人们欢迎的鱼包括鲱鱼、鳕鱼、鲭鱼、金枪鱼、鲽鱼以及沙丁鱼。当然，乌贼、蟹类以及贝类也经常出现在我们的菜单上。

知识拓展

以前人们油煎鱼块时都会选用鳕鱼。这是一种今天几乎被捕杀殆尽的鱼，已经被列在了濒临灭绝动物的名单上。这张名单上所列的都是濒危动物。或许阿拉斯加黑鳕也面临着同样的命运，因为现在越来越多的人用它们代替鳕鱼制作煎鱼。在欧洲，一些鱼产品的包装上都印有海产品管理委员会的环保图章。这一图章只颁发给合理捕鱼的企业。

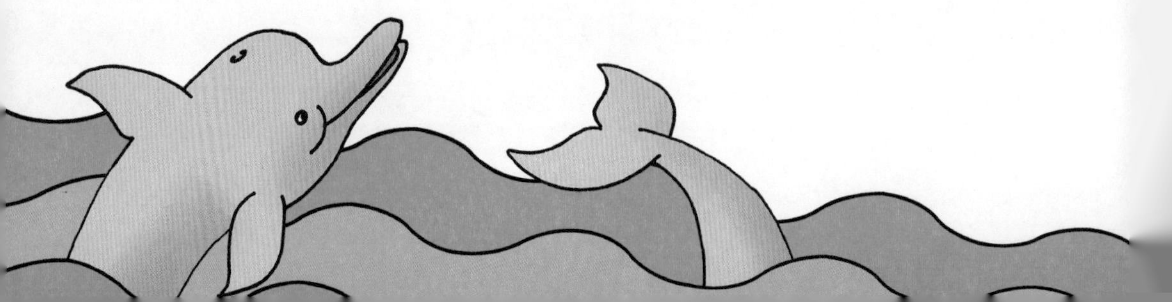

我是厨房小明星

米兰鱼片

（4人份）

需要的食材：

4片鱼片（约200克，可选用鲽鱼或海鲈）
盐、胡椒适量
4勺面粉
2个鸡蛋
100克面包屑
4勺奶酪丝
捣碎的鲜柠檬皮
4勺橄榄油
3小块黄油
150毫升蔬菜汁（将蔬菜加水用料理机打制即可）
比萨草适量
3勺酸白花菜芽（可用酸黄瓜代替）

首先将鱼片洗净并晾干，撒上适量的盐和胡椒。将面粉倒入盘子中，然后将鱼片放入面粉中翻几次。接下来在大碗中将鸡蛋打碎，然后再取一个大碗，将面包屑、奶酪丝与柠檬皮放入碗中混合均匀。之后将鱼片放入鸡蛋液中翻动，然后再将鱼片放入面包屑的混合物中翻动几次。

在平底锅中放入橄榄油和两小块黄油并加热，将鱼片放入锅中煎5至8分钟，直到鱼片两面均变成金黄色为止，然后就可以将鱼片取出备用了。

接下来我们就要准备调味汁了。首先将平底锅中煎鱼剩下的油倒出来，然后将菜汁倒入锅中，大火煮开。接下来将白花菜芽和比萨草放入菜汁中，再放入一块黄油，盖上锅盖小火焖3分钟，然后就可以关火了。出锅前不要忘记用盐和胡椒调味，最后将调味汁浇到煎好的鱼片上就大功告成了。

如果用这道菜搭配意大利面，效果会更好。

不知疲倦的海洋

看海时，我们会发现，大海从不会完全静止。有节奏的海浪从不停歇地破坏着水面的平静，看上去就感觉水在不停地朝岸边涌动。但事实真的是这样吗？如果我们仔细观察水面上的海鸥，就会发现，虽然它们一直随着波浪的运动上下颠簸，却并没有向前移动，而是保持在原来的位置上。海水其实也是一样的道理，只是看上去在移动罢了。

海浪是由风造成的。海浪和风之间存在着这样一条规律：风越强，波浪就越大。此外，水面越宽广，波浪也会变得越大。

知识拓展

在欧洲，水手们习惯把带有白色泡沫的小波浪戏称为“猫爪”，把大波浪则称为“胖修道士”。

小实验

取一碗水，然后从碗边朝水面用力地吹气，这时就会有水波荡漾。在这一过程中，风的能量传递到了水中，从而导致了水上下晃动。同理，海上的海风也可以使数千千米的海浪发生运动。等到波浪滚入较为平坦的水域时，它们的底侧会接触到海底，海底会吸收波浪产生的动能，波浪就慢慢消散了。

可怕的海啸

知识拓展

人类有史以来所经历的最严重的海啸发生在2004年12月26日的印度洋上，27.5万多人在此次灾难中丧生。

你往水中扔过石头吗？如果扔过，那你肯定注意到，在石头落水的地方出现了波浪，而且波浪的圆圈随着扩散越来越大，这是能量转化成为运动的结果。当海底的岩石突然断裂时，就会引发海底地震，此时岩石断裂产生的能量也会转化为运动，推动海浪以每小时800千米的速度前行。在水较深的海域，人们几乎看不到这些波浪。只有在波浪触碰到海岸时，破坏性的力量才会显现出来，也就是我们平时所说的海啸了。

潮汐——退潮与涨潮

如果曾经在海边度假，你也许会注意到，有时海滩只剩下狭长的一条，海水距离你非常近，但几小时以后海水就会退下，海滩变宽了，海水距离你也就非常远了。人们将这种海水水位的变换称为潮汐。当海水退去，就是退潮；当海水再次涌上海滩，就是涨潮。

退潮与涨潮现象是由月亮引起的。月亮具有很强的吸引力，朝向它一面的海水会升高，成为潮峰。这时大海中海水升降落差可达18米。这一现象每天会发生两次，周期为12小时25分钟。

浅滩里的生命

退潮时露出的海滩被人们称为浅滩。浅滩又可以分为沙滩和淤泥滩两种。淤泥滩大多被黑色的淤泥所覆盖。淤泥中满是养料，并含有大量硅藻，而硅藻则是蠕虫、海螺、贝类、蟹类以及鱼类的可口食物。

由于潮汐的作用，浅滩一会儿位于水下，一会儿又露出水面。这种环境并不适合生存。尽管如此还是有很多有趣的物种选择在这里安家，比如各种各样的螺类、贝类、蠕虫、蟹类等，而它们又是海鸥、蛎鹬（yù）和滨鹬等众多海鸟的主要食物来源。

海蚯蚓

当我们在浅滩上漫步时，一些盘卷状的小沙堆会格外引人注目，它们是海蚯蚓的杰作。海蚯蚓以沙子为食，它们会消化掉沙子中所有的可食物质，然后把余下的沙子以小沙堆的形状排出体外。它们居住的洞穴深可达30厘米，形状像英文字母“U”。

知识拓展

当你在浅滩玩耍时，不妨竖起耳朵仔细聆听，你会发现，浅滩偶尔会沙沙作响，这种声音非常清晰。发出这种声音的其实是泥蟹。它们的触须之间有一层水性的薄皮。当它们展开触须时，薄皮就会发生爆裂，从而发出响声。

洋流

不只是波浪可以使大海运动，强大的洋流也可以穿越各个大洋。人们将洋流分为表层洋流和深层洋流，或者分为寒流和暖流。

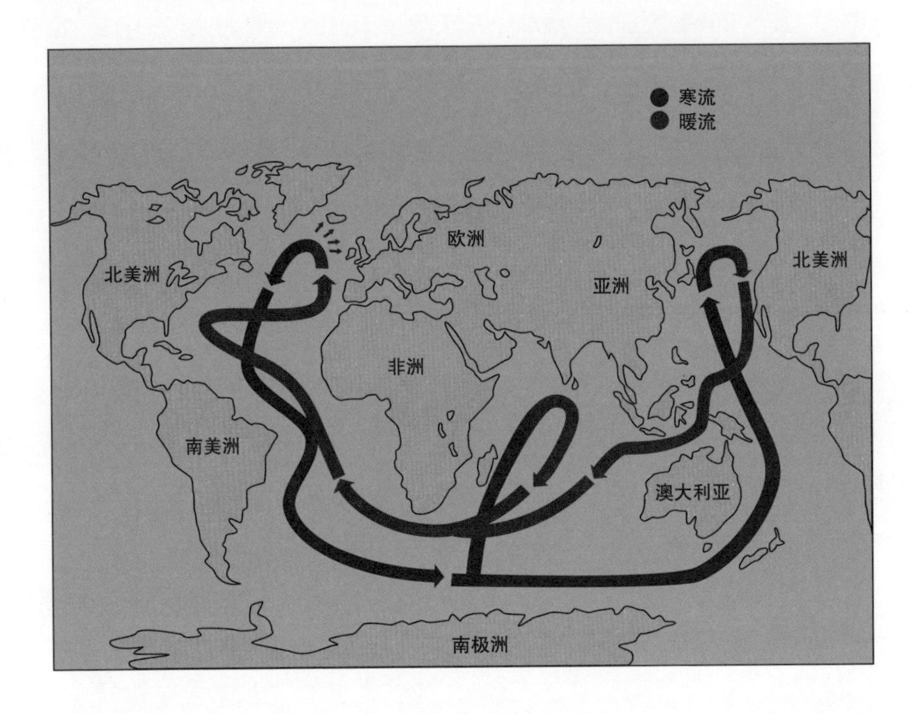

洋流又被称为环球传送带，因为它们可以沿着整个地球传送热量。所以它们对我们的气候非常重要。洋流的速度在每小时20到60千米之间。

表层洋流是由强风引起的。当风在海洋表面刮过时，会拉动海水一起运动。最著名的表层洋流之一是海湾洋流。它将来自墨西哥湾的温水推送到北欧，这就影响了苏格兰西海岸棕榈树的生长。等到达北方以后，洋流会下沉，然后在海底又作为深层洋流流回南方。到了南方以后，它又会再次上升，如此循环，周而复始。

请上车！

许多海洋动物，比如海龟，会把洋流作为移动的工具。就像搭载快速列车一样，它们不费吹灰之力就可以日行千里。

1992年，约3万只塑料制成的玩具鸭开始了穿越大洋的神奇旅程。最初它们是被封在一艘轮船的集装箱里，但轮船在途中遇上了可怕的风暴，于是玩具鸭便散落在大海中，利用这次机会开始了奔向自由的旅程。从那以后，它们就随着洋流漂到各个大洋。海洋研究者也开始对这些玩具鸭的旅程进行观察和分析，以获得对洋流更多的了解。

火眼金星

每只小黄鸭都有一个对应的英文名字，其中5个名字有共同点，而有一个则显得有些与众不同，小朋友们能把它找出来吗？

大家来找茬

下面两幅图共有6处不同，小朋友们能找出来吗？

海洋的历史

知识拓展

地球诞生以后，常常有**彗星撞击地球**。学者们认为，在撞击的过程中产生了大量的水，因为许多彗星都是由灰尘和冰组成的。

水的产生

今天，水对我们而言再常见不过。它就是很简单地存在在我们身边：以液态形式分布在大海和河流中，以气态形式分布在云层中，以固态形式分布在高山冰川以及南北两极的冰山上。但地球上并不是从一开始就有水存在的。

地球在46亿年前诞生时，无比灼热，以至于所有的岩脉都是液态的。当时地球上分布着许多火山，它们往外喷吐着大量的气体、熔岩以及水蒸气。等到地球慢慢冷却以后，水蒸气就凝结成水，经年累月地降到地表上。然后水就开始在地表的凹地和盆地中汇聚，经过几百万年的时间形成了巨大的原始海洋。

大陆漂移

地球上的大陆板块并不是固定在一个特定的位置上，而是一直处于运动中。但这种运动非常缓慢，以致我们无法察觉。就像海上的巨型浮冰一样，大陆与海洋下方的板块也是漂浮在地幔液态的岩脉上。在数百万年的时间中，这些巨大的板块一再发生分离或碰撞。人们将这一过程称为大陆漂移。

由于大陆漂移的存在，大陆以及海洋的情况总是一再发生变化。在大约2.5亿年前，地球上只有一块超级大陆，叫做盘古大陆，它从赤道向南北两侧延伸。后来这一板块非常缓慢地移动并发生变化，直到最终变成今天的样子，而且如今依然在移动和变化中。

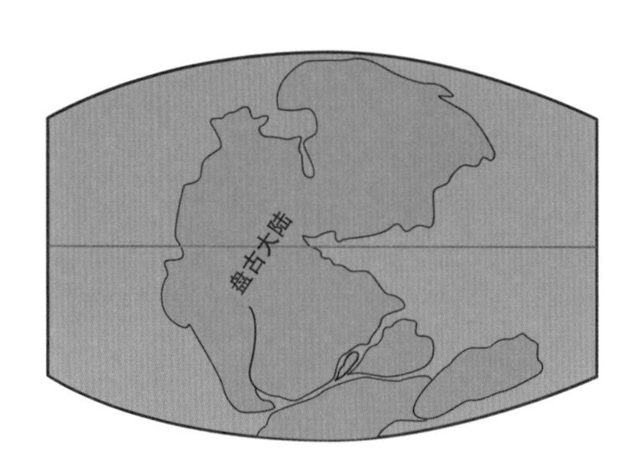

约2.5亿年前：
超级大陆——盘古大陆

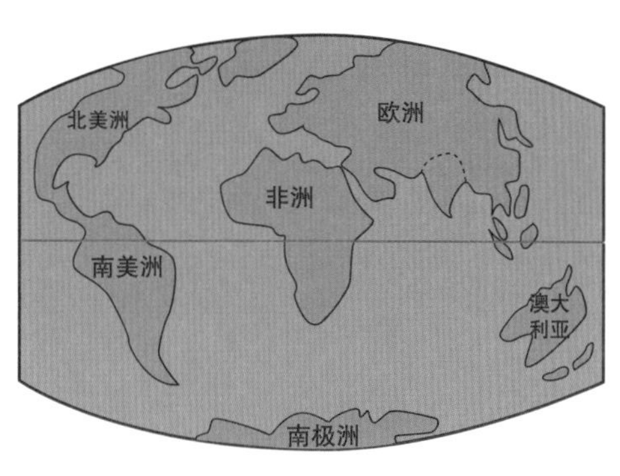

今天的大陆

由此人们推测，大约2000万年以后，东非会与非洲的其他部分分裂开来。到时候将会有一个新的大洋诞生，而黑海则会完全被地中海截断。

生命的起源

小朋友们对细菌可能不会感到陌生。提到细菌，我们首先想到得可能是传染病。细菌非常微小，我们只有通过显微镜才能看到它们。但让我们大吃一惊的是，大约35亿年以前，生命就是开始于这些身处于“原生汤”中的细菌。在欧洲，人们喜欢用“原生汤”来比喻最初的原始海洋。原始海洋中的细菌就是我们地球上所有生命的起源。

但到海洋中和大陆上出现真正的动物，又过了大约30亿年。在这一过程中，细菌游荡于原始海洋之中，进化得非常缓慢。

在那个时候，海洋与空气中还没有氧气。直到一些细菌开始能够借助光能制造氧气，形势才发生了变化。渐渐地，空气和水中都有了足够的氧气，这就为其他生命形式的出现提供了基础。海绵和水母就属于继细菌之后海洋中最早出现的动物。右侧图片中的动物是一只盗首螈。数百万年前在淡水水域中就已经出现了这种动物，它们以鱼为主要食物。

原始的鱼类

我们这里所说的“原始的鱼类”事实上还不能算是真正的鱼，只是在形体上比较像鱼而已。因为它们既没有肢体，又没有颌骨，所以又被称为无颌骨的鱼。由于没有颌骨，嘴巴无法上下闭合，所以它们在游动时总是张着嘴。其中有些甚至连真正的嘴巴都没有，而只有一个圆形的孔洞。既然没有可以闭合的颌骨，原始的鱼类又怎么捕捉食物呢？其实非常简单，但同时也巧妙无比：它们会用嘴接触并紧紧地吸住食物，接下来用它们的小牙齿将食物划破，然后用它们的齿舌将需要的东西刮下来。

化石——海洋动物怎么跑到了山上？

虽然许多物种在很久以前就灭绝了，但我们还是能够知道它们曾经存在过，这是因为它们中有许多以化石的形式保留了下来。化石就是石化的骨头、牙齿或动物的其他部位。但人们是怎么发现海洋动物的化石的呢？在几百万年的时间里，地层一直处于运动状态，或者相互分离，或者相互碰撞。当两个大陆板块相互碰撞在一起时，位于海底的海洋动物化石就可能会随着岩脉一同被挤压上来。所以，人们今天会在阿尔卑斯山发现许多曾经生活在海洋中的动物的化石。

濒危的鱼类

现代先进的捕鱼技术、装有雷达定位系统的捕鱼船以及岸边各种各样的鱼类加工厂已经使鱼类面临着绝种的危险。由于过度捕捞，鱼类的存有量变得越来越少。

即使是鲨鱼也受到了严重的威胁。由于某些人极其热衷鲨鱼鳍为原料的鱼翅，所以鲨鱼也受到了无情的捕杀。在所谓的“捕鳍行动”中，鲨鱼身上只有鳍会被切掉留下，而鲨鱼则会被扔出船外，然后痛苦地沉到海底自生自灭。

此外，鲸鱼和海豚在捕鲨的过程中也常常会被祸及遭殃。它们被困在捕鲨船撒开的巨型渔网中，没有办法浮上水面换气，最后只能窒息而死。根据国际捕鲸委员会的统计，每年单单因为这一原因死亡的鲸鱼和海豚就有大约30万头。

为了保护海洋中的鱼类，许多国家的政府已经公布了捕鱼的限额，严格规定了每年允许的捕鱼量。可惜并不是所有人都遵从规定，而且灭绝性的捕杀行为也屡屡发生。

但我们必须明白一点：只有遵守限额规定，善待海洋以及其中的生物，才能使海洋生物休养生息，才能保证物种的延续性。

鱼钩迷宫

小黄狗奥斯卡和它的小伙伴瓦尔多都喜欢在冰面上钓鱼。但湖底可不一定都是鱼噢，也会有一些令它们感到惊奇的东西。小朋友们仔细观察一下，它们俩分别会从水里钓上什么来呢？

自测考场

小朋友们，我们的海洋之旅已经接近尾声了。你们掌握书中的知识了吗？不妨来自我检测一下吧！

1. 世界上有几大洋？

❒ 3个 ❒ 4个 ❒ 5个

2. 哪种动物是最大的海洋动物？

❒ 蓝鲸 ❒ 鲸鲨 ❒ 白鲨

3. 最小的鲨鱼叫什么？

❒ 迷你鲨

❒ 侏儒鲨

❒ 宝贝鲨

4. 世界上毒性最大的水母叫什么？

❒ 海蜜蜂

❒ 海熊蜂

❒ 海黄蜂

5. 哪种生物位于海洋食物链的开始？

❒ 小鱼 ❒ 浮游生物 ❒ 鱼饲料

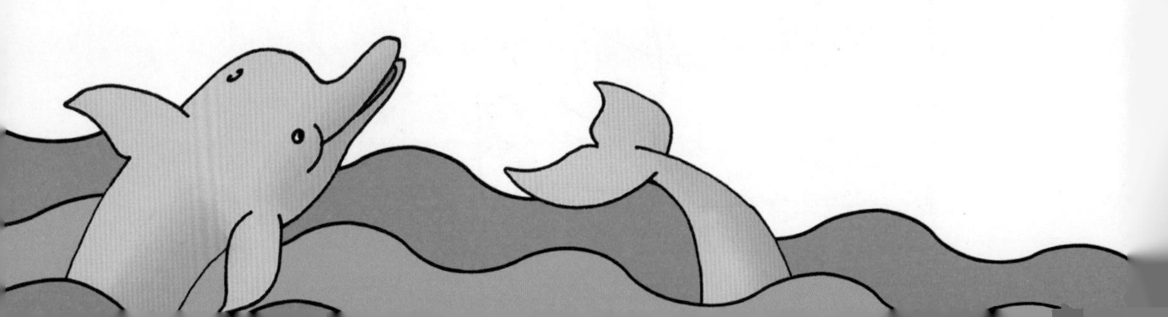

我问你答

1. 你认为海洋世界中什么最有吸引力呢？

2. 你最喜欢哪种海洋动物？为什么？

3. 你最希望遇到哪种海洋动物？

4. 你曾经进行过潜水吗？在哪里呢？

5. 你还希望更多地了解哪种海洋动物呢？

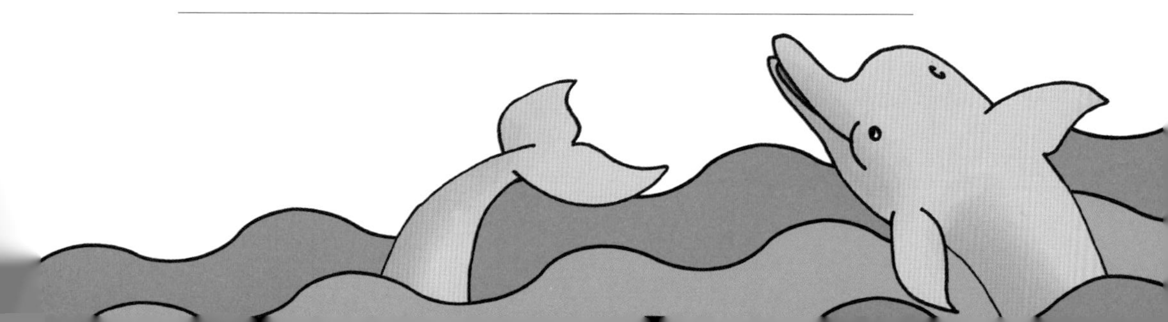

答案

第5页：

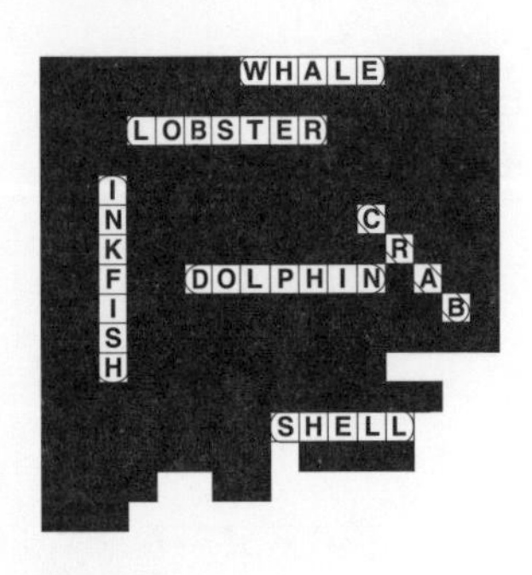

第11页： Atlantic（大西洋）

第15页： 1-海豚，2-海龟，3-独角鲸，4-白鲸，5-海象，6-蓝鲸，7-灰鲸，8-海牛，9-虎鲸，10-鲨鱼，11-鳐鱼，12-抹香鲸，13-大王乌贼，14-墨鱼，15-金枪鱼

第19页： 21

第20页：

第22页： 3

第25页：

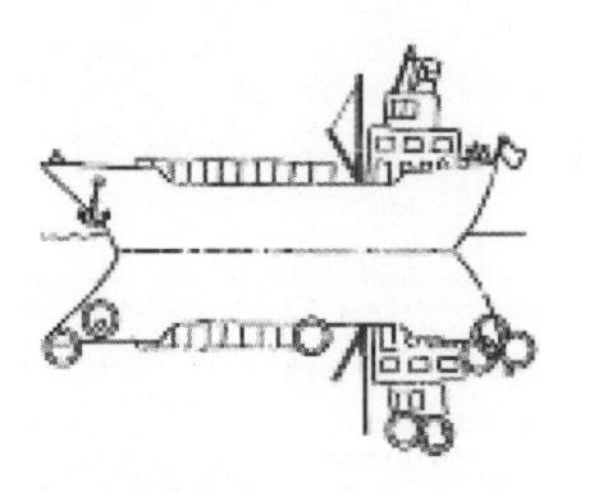

第28页：

第34页： SEALION（海狮），STARFISH（海星），OCTOPUS（章鱼），SEAHORSE（海马）

第39页： 1-crab，2-cork，3-shell，4-wood，5-rope，6-sand castle

第42页： 30

第45页： 第4根

第47页： FROGMAN（1=F，2=R，3=O，4=G，5=M，6=A，7=N）

第51页：

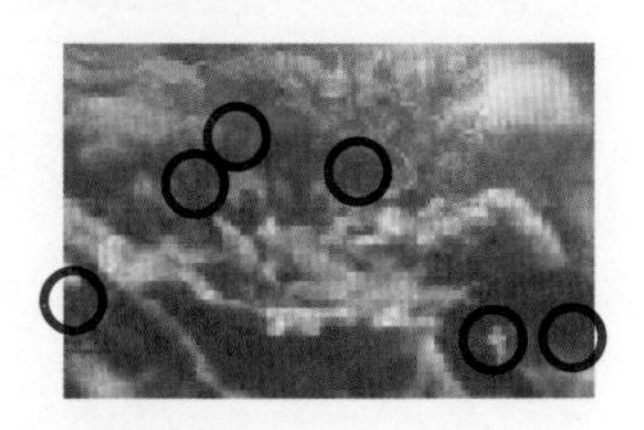

第52页： CORAL

第55页： 潜水- diving，面镜-mask，呼吸管-snorkel，蛙鞋-fins，气瓶-cylinder，指南针-compass

第57页： 触腕D

第59页：

第62页： 3号，因为鳞片的方向错了

第65页：

第66页： 5

第69页： 1-starfish，2-snail，3-fishing net，4-jellyfish，5-seaweed，6-eel

第74页：

第76—77页： 1和3

第78页： 一只刺猬和一条戴着潜水镜的狗

第79页： 34

第80—81页： SHARK（鲨鱼）

第85页： 1和3

第87页： 1073米

第89页： 27

第99页： Hennes，因为其他名字中都含有“ann”

第100页：

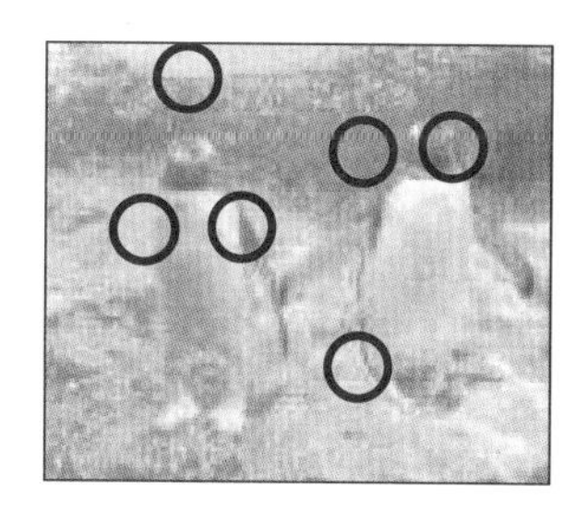

第107页： 奥斯卡钓到了鞋子，而瓦尔多钓到了罐头盒

第108页： 1-5个，2-蓝鲸，3-侏儒鲨，4-海黄蜂，5-浮游生物

图片来源

感谢Judith Brandt、Marcin Bruchnalski、Antina Deike-Muenstermann、Wolfgang Deike、DEIKE PRESS、Deike Gedenktage Archiv、Carla Felgentreff、Traian Gligor、Dieter Hermenau、Britta van Hoorn、Stefan Hollich、Elisabeth Kochenburger、Peter Menne、Josef Pchral、Dieter Stadler、Peter Strobel、Manfred Tophoven、Cleo Trenkle、Claudia Zimmer为本书提供图片。

感谢瑞士Aathal蜥蜴博物馆的友好支持。

北京市版权局著作合同登记　图字 01-2011 5047号

图书在版编目（CIP）数据

神秘的海洋世界 /（德）邵尔腾（Schorten, S.）编著；
闫健译. —北京：中国铁道出版社，2013.10
（聪明孩子提前学）
ISBN 978-7-113-17443-9

Ⅰ. ①神… Ⅱ. ①邵… ②闫… Ⅲ. ①海洋—少儿读物 Ⅳ. ①P7-49

中国版本图书馆CIP数据核字（2013）第234508号

Published in its Original Edition with the title
Geheimnisvolle Meereswelt: Clevere Kids. Lernen und Wissen für Kinder
by Schwager und Steinlein Verlagsgesellschaft mbH

书　　名： 聪明孩子提前学：神秘的海洋世界
作　　者：［德］西格丽德·邵尔腾 编著
译　　者： 闫　健

策　　划： 孟　萧
责任编辑： 尹　倩　　**编辑部电话：** 010-51873697
封面设计： 蓝伽国际
责任印制： 郭向伟

出版发行： 中国铁道出版社（100054，北京市西城区右安门西街8号）
网　　址： http://www.tdpress.com
印　　刷： 北京铭成印刷有限公司
版　　次： 2013年10月第1版　　2013年10月第1次印刷
开　　本： 700mm × 1000mm　1/16　印张：7　字数：120千
书　　号： ISBN 978-7-113-17443-9
定　　价： 19.80元
